BIBLIOTHÈQUE DU PROGRÈS AGRICOLE ET VITICOLE

MÉMOIRE

SUR

UNE NOUVELLE MALADIE DE LA VIGNE

LE BLACK ROT

(POURRITURE NOIRE)

PAR

PIERRE VIALA ET L. RAVAZ

Avec quatre planches

MONTPELLIER
AUX BUREAUX DU **Progrès agricole et viticole**
Rue Albisson (maison Batigne)
ET CHEZ CAMILLE COULET, LIBRAIRE-ÉDITEUR
Grand'-Rue, 5

1886

LE

BLACK ROT

(POURRITURE NOIRE)

BIBLIOTHÈQUE DU *PROGRÈS AGRICOLE ET VITICOLE*

MÉMOIRE

SUR

UNE NOUVELLE MALADIE DE LA VIGNE

LE BLACK ROT

(POURRITURE NOIRE)

PAR

PIERRE VIALA ET L. RAVAZ

Avec quatre planches

MONTPELLIER
AUX BUREAUX DU **Progrès agricole et viticole**
Rue Albisson (maison Batigne)
ET CHEZ CAMILLE COULET, LIBRAIRE-ÉDITEUR
Grand'-Rue, 5

1886

MÉMOIRE

SUR

UNE NOUVELLE MALADIE DE LA VIGNE

—

LE BLACK ROT

(*POURRITURE NOIRE*).

Dans une Note présentée à l'Académie des Sciences, le 7 septembre 1885, nous avons signalé l'apparition dans nos vignobles d'une maladie très fréquente en Amérique et connue sous le nom de BLACK ROT (Pourriture noire) (1).

Les ravages qu'elle occasionne dans cette contrée, où elle s'oppose, en plusieurs points, à la culture de la vigne, et la gravité qu'elle a présentée dans la région où nous l'avons observée, nous ont déterminés à en faire l'étude. Ce sont les résultats de ces premières recherches, faites en partie sur les lieux mêmes, que nous exposons dans le présent mémoire. En les publiant, nous avons pour objet de faire connaître aux viticulteurs une page de l'histoire du parasite qui menace de compromettre, à nouveau, l'avenir de leurs

(1) *Rot* en anglais, nous paraît signifier plutôt *Pourriture* que *Carie*. Nous pensons donc que la traduction française de *Black Rot* doit être celle de *Pourriture noire ;* mais comme la dénomination de Black Rot est déjà suffisamment connue, elle doit être maintenue au même titre que celle de *Mildew*.

vignobles. Nous ne nous dissimulons pas que beaucoup de questions restent encore à résoudre ; mais bien qu'incomplètes, ces données, auxquelles il faut ajouter les documents qui nous sont parvenus d'Amérique (1), ne seront pas, nous l'espérons, sans utilité.

I

M. Henri Ricard, régisseur du domaine de Val Marie, près Ganges, nous apportait, le 11 août 1885, au laboratoire de viticulture, des grappes dont l'altération toute spéciale des grains lui était absolument inconnue et lui paraissait bien différente de celles que déterminent le Mildiou, l'Oïdium et l'Anthracnose. Dès les premières manifestations de la maladie, il crut, avec les viticulteurs de sa région, avoir affaire à l'affection que l'on désigne vulgairement dans le Midi sous le nom de *grillage* ou d'*échaudage*. Mais le développement rapide du mal, qui prenait de jour en jour des proportions plus grandes, fit naître des doutes dans son esprit. L'étude microscopique des grappes qu'il soumit à notre examen nous permit de reconnaître tout le bien fondé de ces doutes et nous fit voir que l'altération des baies était due à un petit champignon, au *Phoma uvicola* (Berkeley et Curtis),

(1) Nous adressons ici nos remerciements à M. Riley, entomologiste du Département de l'Agriculture, à Washington, à M. Treelease, professeur de botanique, à l'Henry Shaw School of Botany, de Saint-Louis (Missouri) et à M. Planchon, qui ont bien voulu mettre à notre disposition les écrits les plus importants relatifs à cette question.

cause du Black Rot, que nous avions eu l'occasion d'étudier sur des grains de raisin provenant des Exsiccata de M. Von Thümen (1).

C'est vers le 15 juillet que cette maladie s'est montrée, d'abord à l'extrémité d'une vigne d'Aramon, dans le domaine de Val Marie ; puis elle s'est étendue peu à peu. Au moment de la vendange plus de trente hectares de vignes étaient envahis. Le territoire sur lequel elle a fait des ravages est assez bien délimité. Les communes de Ganges, de Cazilhac et de Laroque qui le comprennent sont entourées de tous côtés par des collines peu élevées, mais suffisantes pour les mettre à l'abri des vents froids du Nord ; l'Hérault et le Rieutor s'y réunissent. Des prairies sont établies dans la partie basse, sur les deux rives du fleuve, dans un sol d'alluvion, et sont entremêlées de vignobles soumis à la submersion ou arrosés pendant l'été. On conçoit que, dans un tel milieu, les maladies cryptogamiques puissent se développer facilement.

Nous avons visité à peu près tous les vignobles de l'Hérault qui se trouvent dans les mêmes conditions de terrain, de situation et d'exposition, sans y constater le Black Rot. Nous avons, en outre, parcouru, heureusement sans résultat, d'autres vignobles du Gard, de l'Aude, des Pyrénées-Orientales, des Bouches-du-Rhône, de la Drôme, de l'Isère, de la Savoie, de la Haute-Savoie et de l'Ain. A la suite de notre Note à

(1) Ces grains ont été récoltés, les uns — d'Herbemont — en 1876, dans la Caroline, par M. Ravenil, les autres — de V. Labrusca — en 1877, par M. J.-B. Ellis, dans le New-Jersey.

l'Académie des Sciences, nous avons reçu du Tarn, du Tarn-et-Garonne, du Médoc et de Bourgogne, des raisins que l'on supposait atteints du Black Rot. L'étude que nous en avons faite nous a permis de conclure à la négative.

On voit donc, d'après ce qui précède, que cette nouvelle maladie n'aurait pas encore franchi les limites des environs de Ganges. Il importe toutefois de la combattre au plus tôt, et, comme elle est localisée sur une étendue assez restreinte, il y a tout lieu de penser que des traitements appropriés pourront, sinon l'anéantir, tout au moins en entraver l'extension.

II

CARACTÈRES EXTÉRIEURS DU BLACK ROT

Le *Black Rot* s'est développé à Val Marie surtout sur les grains de raisin ; il s'est montré exceptionnellement sur les jeunes sarments, le pédoncule, la rafle, le pétiole, les nervures et le parenchyme des feuilles ; dans aucun cas, nous ne l'avons observé sur les sarments aoûtés. Les caractères qu'il présente sur les organes qu'il attaque sont absolument spéciaux (Pl. I et Pl. II) ; il suffit de les avoir vus une seule fois pour ne pas les confondre avec ceux des autres parasites de la vigne.

Le première action du Black Rot sur les grains de raisin ne s'est manifestée que lorsque ces organes étaient déjà très développés, quelque temps seule-

Pl. II

...mes G. Severen...

BLACK ROT.

ment avant la véraison. Elle se révèle tout d'abord par une petite tache circulaire, décolorée, mesurant à peine quelques millimètres de diamètre. Cette tache grandit et prend brusquement une teinte rouge livide, plus foncée au centre et diffusée sur les bords. A ce moment elle est assez comparable à l'effet d'une meurtrissure. On la voit progresser très rapidement en surface et en profondeur, et au bout de vingt-quatre ou de quarante-huit heures toute la baie est altérée (Pl. I et Pl. II). Le grain présente alors une coloration rouge-brun livide. Sa surface est lisse encore et non déformée, mais la pulpe est un peu molle, spongieuse et moins juteuse qu'à l'état normal. A cet état, on peut grossièrement le comparer aux grains grillés ou échaudés. Bientôt après, il commence à se rider en prenant une teinte plus foncée vers le point où l'altération a débuté (Pl. II) ; puis, il se flétrit peu à peu et successivement ; au bout de trois ou quatre jours, il est complètement desséché, et d'un noir très foncé, avec reflets bleuâtres (Pl. II). La peau et la pulpe, ridées et amincies, sont appliquées contre les pépins, sans présenter à leur surface ni excoriation ni lésion (1).

Comme les baies ont été attaquées lorsque les pépins étaient déjà arrivés à leur état de maturité physiologique et au moment où les téguments séminaux commençaient à se lignifier, les graines ont conservé

(1) Il est à remarquer que la pulpe des raisins atteints du Black Rot ne se fond pas comme celle des grains qui pourrissent ; il n'y a donc pas réellement pourriture, mais bien dessiccation.

leurs dimensions et leurs caractères normaux. On n'observe à leur surface rien de particulier ; toutefois, l'albumen est dans quelques cas entièrement desséché et très réduit ; le plus souvent il paraît normalement constitué.

Lorsque le grain d'un rouge-brun livide passe à une teinte plus foncée et commence à se rider, on voit apparaître, à sa surface, de petites pustules noires (Pl. II). Ces ponctuations peu surélevées, plus petites que la tête d'une épingle, mais visibles à l'œil nu, se multiplient très rapidement. Lorsqu'elles ont envahi tout le grain, elles y sont très nombreuses, toujours rapprochées, parfois tangentes, ne laissant aucune place dégarnie (Pl. III, fig. 1). La peau, rugueuse, a alors un aspect tout particulier : elle est comme chagrinée.

Ces phénomènes d'altération se produisent dans l'espace de trois ou quatre jours. Le grain ne tombe pas aussitôt ; il reste adhérent à la grappe pendant quelque temps encore ; puis il se détache soit avec la grappe entière, soit avec un fragment plus ou moins considérable, parfois même il n'entraîne dans sa chute que le pédicelle auquel il est attaché (Pl. II).

Le Black Rot ne se montre jamais simultanément sur toutes les grappes d'une souche ; plus rarement encore il attaque en même temps tous les grains d'une même grappe. Généralement, il apparaît isolément sur un ou plusieurs grains, et envahit ensuite les autres d'une façon assez irrégulière. On trouve ainsi, sur la même grappe, des grains à divers

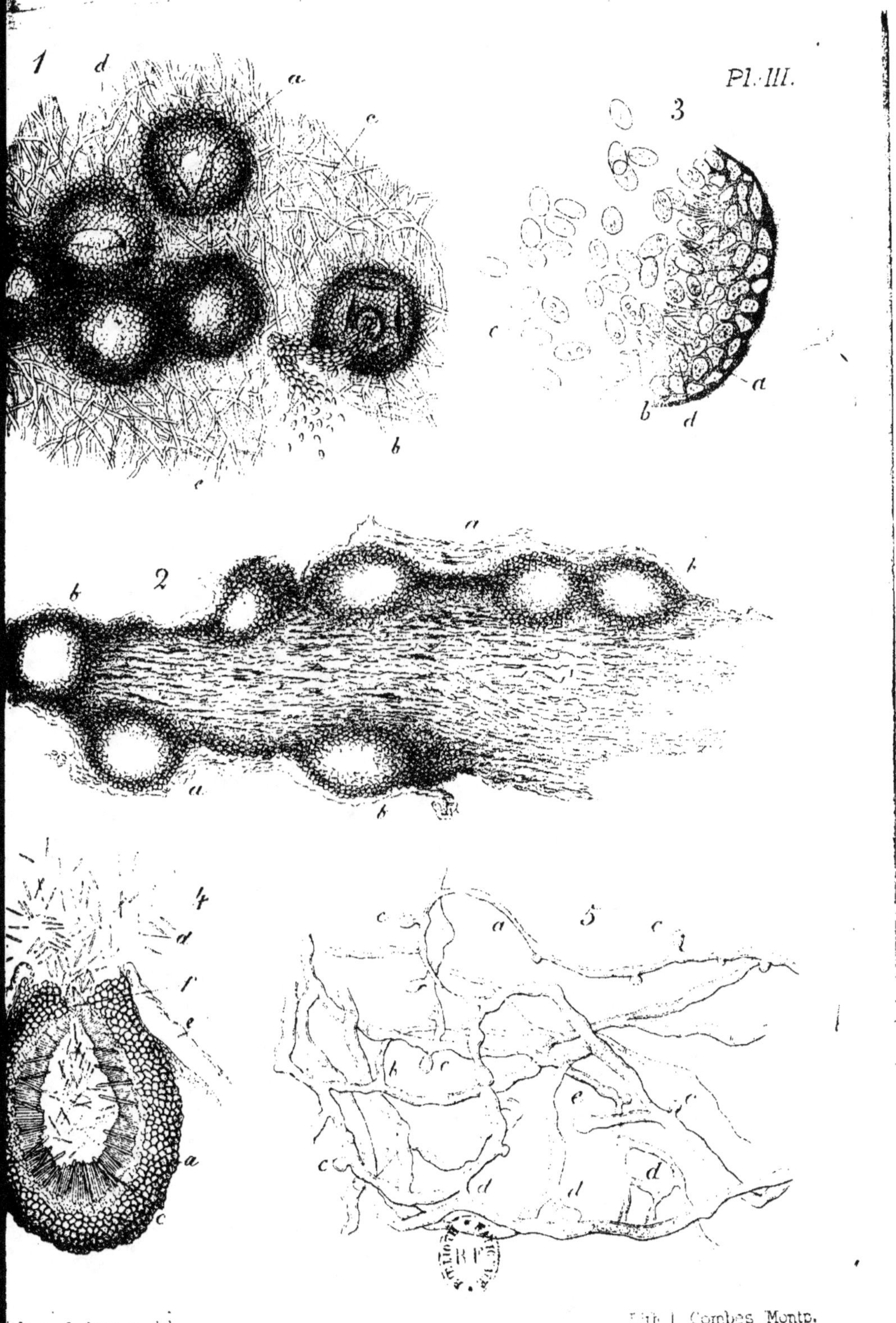

ala et L. Ravaz, del. Lith. L. Combes, Montp.

BLACK ROT

(Phoma [illegible])

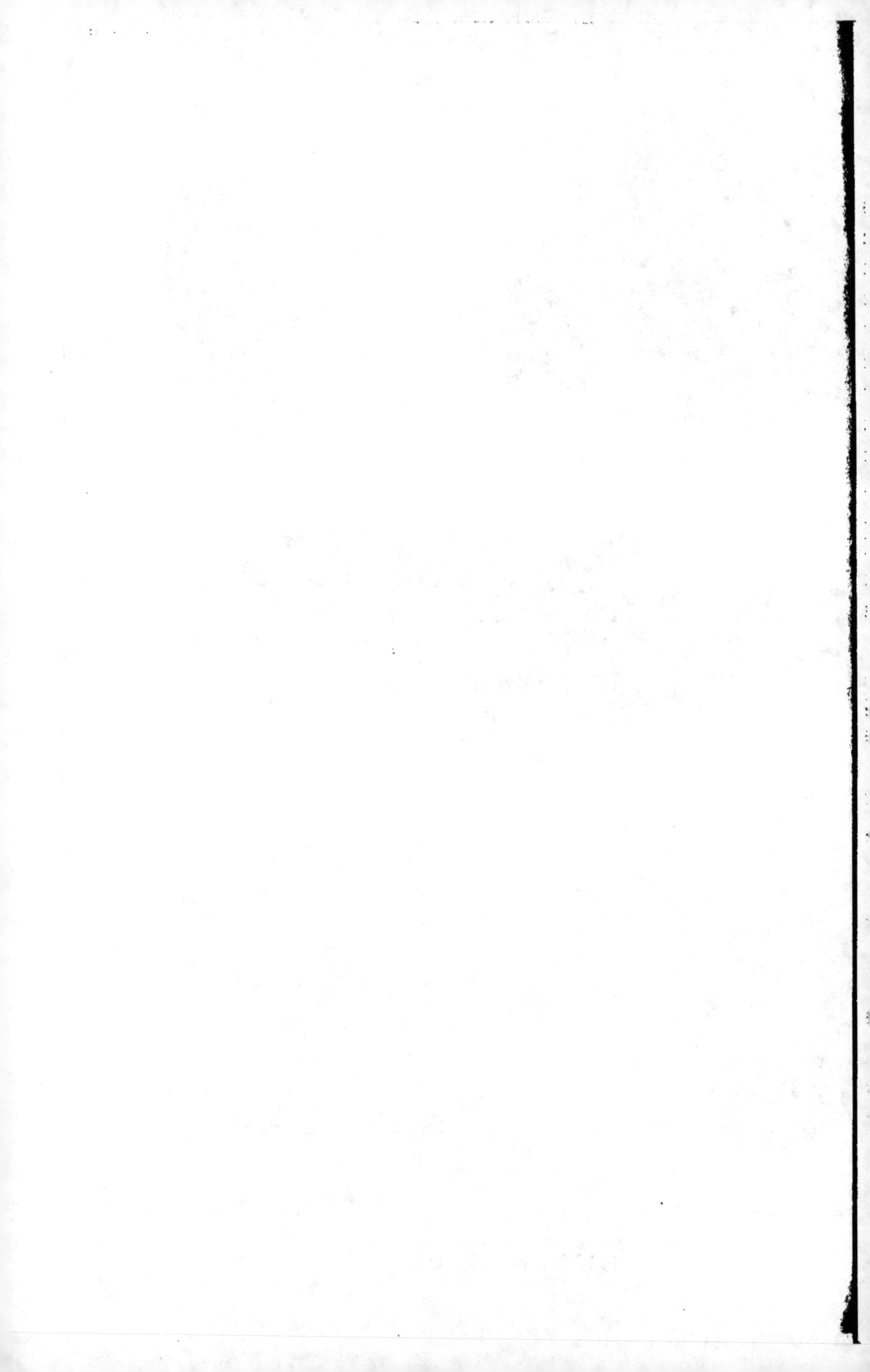

états d'altération (Pl. I). Certains sont entièrement noirs et desséchés, tandis que d'autres, situés tout à côté, sont partiellement d'un rouge brun livide. Aussi une grappe entière n'est-elle jamais détruite qu'au bout d'un temps relativement assez long. Il arrive même que quelques-unes d'entre elles ont le quart, le tiers ou la moitié de leurs grains qui parviennent à maturité, mais seulement lorsque la maladie s'est montrée à une époque tardive. Nous avons, en effet, remarqué que le mal se propage moins vite à partir de la véraison, et nos observations nous font croire que les baies attaquées à partir de cette époque ne sont pas complètement anéanties, quoique le parasite continue à se développer jusqu'à la récolte.

L'altération du grain peut gagner le pédicelle, puis le pédoncule; mais il est rare que ces derniers organes soient seuls attaqués. Dans ce cas, la grappe entière ou seulement une partie se dessèche.

Le développement du Black Rot est encore exceptionnel sur l'extrémité des jeunes rameaux ; il n'est guère plus fréquent sur les pétioles et les nervures des feuilles. Sur ces organes, ainsi que sur le pédoncule et les pédicelles, l'altération se manifeste d'abord par une tache plus ou moins étendue, peu déprimée, plus longue que large, et de couleur noire livide (Pl. II). Elle gagne peu à peu l'intérieur des tissus, et à la surface de la partie altérée apparaissent, par séries radiales ou concentriques, mais moins serrées que sur les baies, les pustules caractéristiques de la maladie.

Il est exceptionnel que tout le pourtour du rameau ou du pétiole soit altéré. Ce cas se présente cependant quelquefois, et alors la feuille, ou l'extrémité de la jeune pousse, se dessèche et tombe.

Le Black Rot se développe plus fréquemment sur le limbe des feuilles, sans y occasionner toutefois des dommages comparables à ceux du Mildew. Il se montre surtout sur les jeunes feuilles, exceptionnellement sur les feuilles adultes, sous forme de taches (Pl. II) qui naissent simultanément. Toujours limitées et n'atteignant jamais les dimensions des plaques étendues du Peronospora, ces taches sont généralement plus grandes que celles de l'Anthracnose. Leur forme est le plus souvent vaguement circulaire, parfois un peu allongée. La plupart ont de 2 à 3 millimètres de diamètre, d'autres mesurent $0^{m}005$ à $0^{m}01$, d'autres encore ont jusqu'à $0^{m}02$ de longueur ; enfin quelques-unes peuvent s'étendre en nappes de dimensions plus considérables (2 cent. de largeur sur 3 à 4 cent. de longueur) sur l'extrémité des lobes ; ces dernières proviennent toujours de la réunion de plaques plus petites. Elles sont disséminées sur toute la feuille, au nombre de 10 à 12, parfois plus nombreuses, mais sans jamais occuper plus du tiers de la surface du limbe. Elles prennent brusquement, dès leur apparition, une teinte feuille morte, uniforme sur les deux faces. On n'observe pas, en effet, les nuances successives, variant du jaune au brun, que prennent les taches déterminées par le Peronospora : les tissus sont rapidement détruits et desséchés; ce n'est que par exception qu'ils se détachent en laissant un trou. A cet état, elles ont la plus grande analogie avec l'altération que l'on appelle vulgairement *coup de soleil*. Aucune auréole brune ne les limite comme dans l'Anthracnose; aucune poussière blanchâtre, comme celle des fructifications du Peronospora, ne se montre à la face inférieure de la feuille. Mais bientôt apparaissent, indifféremment à la face inférieure ou à la face supérieure, ces pustules noires que nous avons signalées plus haut (Pl. II). Leur nombre est toujours très restreint sur les petites taches, quatre ou cinq au plus. Elles naissent plus nombreuses sur les taches plus grandes, et sont toujours disposées concentriquement d'une façon assez régulière.

III

CARACTÈRES BOTANIQUES DU BLACK ROT

Les caractères extérieurs que présente le Black Rot sont déterminés par le mycélium du *Phoma uvicola*, qui se développe dans les tissus des organes attaqués.

Les filaments qui le composent se montrent en très grand nombre dès le début de l'altération. Ils sont incolores, hyalins, plus ou moins variqueux et remplis de fines granulations. Des cloisons, tantôt très rapprochées, tantôt assez distantes les unes des autres, les divisent toujours (Pl III, fig. 5). Leur diamètre est variable : les plus gros mesurent 4 μ (1), les plus

(1) Nous adoptons les règles que l'on suit dans la désignation des mesures micrométriques, dont l'unité est 1 millième de millimètre, représentée par la lettre grecque μ.

petits 1 μ. Quoique de dimensions aussi différentes, tous ces filaments appartiennent bien au même mycélium. On peut voir, en effet, de simples ramifications, peu variqueuses, s'insérer sur des tubes plus gros (Pl. III, fig. 5 *a*). D'autres fois c'est un gros filament qui s'effile peu à peu (Pl. III, fig. 5 *b*) au point d'avoir vers son extrémité un diamètre 2 ou 3 fois plus petit.

Les ramifications apparaissent tout d'abord sous forme de petits bourgeons rétrécis à leur point d'insertion (Pl. III, fig. 5 *c*) et qui pourraient faire croire à des suçoirs ; mais les états successifs de développement que nous avons observés ne laissent aucun doute sur leur nature (Pl. III, fig. 5 *e*). Elles grandissent très rapidement, s'entrelaçent, et parfois communiquent entre elles par de courtes anastomoses (Pl. III, fig. 5 *d*).

Tous les tissus encore sains sont bientôt envahis, et si l'on suit la marche de l'altération dans un grain de raisin, on voit les filaments mycéliens cheminer entre les cellules vivantes ou les pénétrer pour y puiser les matières nutritives. Sous leur action, les cellules perdent leur turgescence ; leur contenu brunit, les grains d'amidon, qu'elles renferment encore, semblent corrodés, et la membrane paraît présenter, sous l'action des réactifs, un commencement de gélification. Elles s'aplatissent peu à peu, et la pulpe desséchée ne forme plus qu'une mince couche d'un tissu, dans lequel la partie végétative du champignon occupe une large place.

Dès que la baie est en partie détruite, les filaments

mycéliens qui s'y trouvent se multiplient plus abondamment et se pelotonnent en certains points. Les petits amas, qu'ils forment ainsi sous la peau, sont les premiers états des conceptacles qui renferment les organes fructifères du *Phoma uvicola* (Pl. III, fig. 1 et 2). Ils sont incolores, hyalins au début, et de nature pseudo-parenchymateuse. Ils grandissent et prennent successivement des teintes plus foncées. Complètement développés, ils présentent une coloration noire très intense. Au pourtour le mycélium présente une teinte brune.

Leur aspect est alors celui d'un petit nodule plus ou moins sphérique. Une enveloppe noire, assez épaisse, quadrillée à la surface, les limite et présente, au sommet de la protubérance extérieure une ouverture, ou ostiole circulaire, dont la transparence tranche nettement avec la coloration noire des tissus environnants (Pl. III, fig. 1, *a*, *b*, *d*, *e*). C'est par cette ouverture que seront émis au dehors les corps reproducteurs. La dissémination ne se produit donc pas dans ce cas, comme cela a lieu quelquefois, par déchirure de l'enveloppe.

Dans quelques cas, les conceptacles restent plongés dans l'intérieur des tissus du grain sans se montrer au dehors ; ils forment alors des plaques continues, composées de 3, 4, 5 ou 6 de ces organes accolés généralement les uns aux autres ; la membrane qui leur est commune est peu épaisse et de teinte plus claire. Mais le plus souvent ils émergent du tiers de leur hauteur à la surface du grain, et constituent les petites pustules que nous avons mentionnées précédemment (Pl. III, fig. 1 et 2).

Dans la feuille, ils occupent presque toute l'épaisseur du limbe. La cuticule les entoure sur toute la partie qui est en saillie. Sous l'effet de la pression qu'ils exercent contre elle en s'accroissant, elle se soulève et se fend bientôt en boutonnière ou en étoile à trois branches, et précisément en face de l'ostiole qui doit livrer passage aux corps reproducteurs (Pl. III, fig. 1).

Ces conceptacles sont de deux sortes. Les plus gros, qui mesurent de 105μ à 140μ, sont des *pycnides;* les plus petits, dont les dimensions varient entre 64μ et 96μ, sont des *spermogonies*. Ils sont entremêlés, isolés, ou réunis en série de 8 ou 10, parfois tangents et délimités seulement par une membrane commune plus ou moins épaisse. Mais rien, sauf ces différences de dimensions, qui sont loin de pouvoir les caractériser, ne permet de les distinguer au premier abord. Un examen microscopique minutieux est nécessaire pour distinguer leurs différences morphologiques.

Les premiers, les *pycnides*, présentent à l'état jeune un contenu incolore, qui, en coupe un peu épaisse, paraît formé de petites cellules accolées, vaguement distinctes les unes des autres. Cette apparence est due à ce que les spores, non encore complètement développées, sont comprimées les unes contre les autres et forment ainsi une sorte de tissu continu. Quand les pycnides ont atteint leur entier développement, leur enveloppe, noire, se montre formée de plusieurs assises de cellules irrégulières, petites et à membrane assez épaisse (Pl. III, fig. 3 *a*). A l'intérieur et tapissant toute la cavité, on aperçoit distinctement une zone plus claire (Pl. III, fig. 3 *d*). C'est de cette zone transparente, finement granuleuse et formée d'un tissu très délicat, que se détachent les *basides* (Pl. III, fig. 3 *b*). Ce sont de très petites branches, simples, courtes, irrégulièrement coniques, sur lesquelles naissent les spores. Elles ne sont bien visibles que sur des coupes d'une minceur extrême, sans toutefois jamais se présenter d'une façon aussi nette que dans certains champignons du même groupe que nous aurons l'occasion d'étudier plus loin.

Les spores (Pl. III, fig. 3 *c*) désignées aussi, pour ce cas particulier, sous le nom de *stylospores*, sont ovoïdes-globuleuses, incolores, transparentes, à protoplasma granuleux ; elles renferment, en outre, généralement deux points plus réfringents situés aux extrémités ; parfois elles n'en contiennent qu'un seul ; il peut même arriver que les plus petites en soient totalement dépourvues. Leur diamètre longitudinal varie entre 4 μ, 5 et 9 μ, 3 ; il est en moyenne de 8 μ; le diamètre transversal, en moyenne de 4 μ, 5.

Se basant sur une simple différence de grosseur des stylospores, M. von Thümen a fait une variété du Phoma rencontré sur les raisins du V. Labrusca par Ravenil, dans le New-Jersey, sous le nom de *Phoma uvicola* Var. *Labruscæ* (1). La différence existe, en

(1) Thumen. *Die Pilze des Weinstockes*, p. 10.

effet, ainsi que nous avons pu le constater sur les échantillons de son herbier ; mais elle ne nous paraît pas suffisante pour établir une variété, d'autant plus que la variation dans la grosseur est, ainsi que nous venons de le voir, comprise dans d'assez larges limites (1). De plus, la deuxième forme de conceptacles présente une organisation absolument identique dans les deux cas.

Les spores sortent en masse considérable de l'intérieur du pycnide, mélangées à des gouttelettes réfringentes, qui nous paraissent de nature oléagineuse. Elles dessinent dans le liquide où on les examine une sorte de traînée. Engelmann dit que chaque pustule émet par son ouverture « un fil blanchâtre semblable à une ver, qui consiste en une agglomération innombrable de spores agglutinées par une enveloppe mucilagineuse ». Il ajoute : « la pluie dissout le mucilage, dégage et entraîne les spores...(2) » Nous avons vu plusieurs fois les spores sortir agglutinées en filament (Pl. III, fig. 1 *b*), mais, quant à la nature de la matière qui les maintenait ainsi réunies, nous n'avons pu la reconnaître.

Quoi qu'il en soit, une fois émis au dehors, les stylospores germent assez facilement. On peut les voir se développer, en culture cellulaire, vers une température comprise entre 20° et 25°. Au bout de trois ou quatre heures, ils émettent directement, en un point

(1) Il va sans dire que ces diverses mesures ont été prises sur des spores complétement développées.

(2) Engelmann. *Bushberg Catalogue*, page 48.

situé à l'une de leurs extrémités, un tube germinatif (Pl. IV, fig. 1). Ce filament est transparent, à extrémité droite et à protoplasma presque homogène. Il s'allonge très vite et se divise de loin en loin par des cloisons peu apparentes (Pl. IV, fig. 1). Puis, au bout d'un certain temps, il se ramifie, en donnant naissance à des filaments secondaires, qui apparaissent tout d'abord sous forme de petits bourgeons étranglés à leur point d'insertion. La ramification continue, et on a alors un plexus semblable de tous points au mycélium que nous avons étudié dans le grain de raisin.

Les *Spermogonies* présentent la même structure que les pycnides (Pl. III, fig. 4). Elles sont formées, à l'extérieur, d'une enveloppe noire, composée de plusieurs assises de cellules (Pl. III, fig. 4 *a*) ; à l'intérieur se montre encore une zone plus claire (Pl. 3, fig. 4 *b*) d'où partent des fils d'une finesse extrême et qui rayonnent vers le centre. Ce sont des basides. Toute la paroi interne de la cavité est ainsi tapissée par ces filaments (Pl. III, fig. 4 *c*). De petites spores, appelées *spermaties*, naissent à leur sommet, et lorsque le conceptacle est arrivé au terme de son développement, elles sortent en grand nombre par l'ostiole (Pl. III, fig. 4 *f*). Elles sont incolores, même vues en masse, transparentes, en forme de bâtonnet, droites, très ténues, régulières dans leur diamètre et obtuses à chaque extremité. Leur longueur est de 5μ, 5, leur diamètre ne dépasse pas 0μ, 7 ; aussi ne les distingue-t-on nettement qu'à un grossissement de 1000 diamètres (Pl. III, fig. 4 *d*).

Les spermogonies sont surtout très abondantes aux premières époques du développement du Black Rot. Plus tard, et en hiver surtout, on les trouve moins nombreuses que les pycnides ; on en rencontre cependant à toutes les époques. Sur les grains tombés à terre, il est rare qu'elles soient normalement constituées. Leur contenu, qui permet cependant de les reconnaître encore, paraît altéré et n'a pas une disposition radiale nettement accusée.

Nous avons essayé, sans succès, de faire germer les spermaties dans l'eau ; nous n'avons pas été plus heureux en employant du moût de raisin ; mais ces essais n'ont pas été assez nombreux pour qu'on puisse en tirer une conclusion quelconque.

Au reste, la germination des spermaties des Ascomycètes est toujours très difficile à produire. C'est même devant l'impossibilité presque constante d'obtenir des résultats d'essais de cette nature, que Tulasne leur avait attribué un rôle comme organe mâles, d'où leur nom de *spermaties*. M. Cornu a démontré dans un travail important (1) que les spermaties étaient de vraies spores asexuées, dont la germination se produit dans des milieux spéciaux pour chaque espèce, et toujours au contact de l'air. Elles offrent même dans leur développement des caractères particulièrement remarquables, dont on trouvera les détails dans son mémoire. Quel est donc leur rôle?

(1) Cornu. *Reproduction des Ascomycètes, in. Ann. des Sc. nat.*, 6me série, 1876. T. 3, page 53.

BLACK ROT.

« Leur nombre immense, dit M. Max. Cornu, leur taille très réduite et leur masse presque impondérable doivent les rendre excessivement propres à la dissémination des espèces qu'elles représentent.

» A la maturité des spermogonies (et elles sont de très bonne heure en cet état, dès le mois d'août on peut en rencontrer), on voit, dans des conditions favorables, en sortir des cirres longs et grêles; ils contiennent, agglutinés sous forme de ces petits cylindres grêles et contournés, des millions de spores ; la pluie les délaye et les entraîne. »

» Les oiseaux se posent çà et là, et se déplacent à terre ; ils se perchent ensuite sur les arbres, et sont ainsi probablement, dans bien des cas, avec la pluie et le vent, les agents chargés de déposer sur les « organes » le parasite qui doit y vivre, s'y développer, en décomposer et s'en assimiler les éléments. Qu'est-ce qui caractérise les spermaties telles que les concevait M. Tulasne? Deux propriétés que ne possèdent pas les autres spores : d'une part, leur petite taille qui les rend plus faciles à transporter, même par un agent infiniment faible, et surtout le fait tout spécial qu'elles ne germent pas en tout lieu et qu'elles exigent même des circonstances particulières.... Déposées sur une substance qui ne leur convient pas, elles demeurent sans germer et attendent qu'elles soient transportées ailleurs (1). » A la suite de ces données, M. Cornu émet l'hypothèse que « chez les Ascomycètes, les

(1) Cornu. *loc. cit.*, page 96 à 97.

spermaties ne sont pas des organes mâles, mais très probablement les agents de dissémination des espèces à grande distance (1). »

On peut admettre les mêmes hypothèses pour le rôle des spermaties du *Phoma uvicola*, jusqu'au moment où on les aura vérifiées par l'expérience directe.

Nous venons de voir, d'après les données de M. Cornu, quel était le rôle présumé des spermaties. On peut aussi se demander comment les stylospores, une fois hors du pycnide, sont disséminés. Sont-ils charriés par des gouttelettes d'eau, ainsi que cela a lieu pour les spores du *Sphaceloma ampelinum*, cause de l'Anthracnose. Le vent, les insectes, agissent-ils comme agents de dissémination? Leur rôle est-il plus important dans la propagation de la maladie que celui des spermaties ? Enfin peuvent-ils perpétuer le parasite d'une année à l'autre ? Les données que nous possédons ne sont pas assez nombreuses pour pouvoir résoudre ces questions d'une façon précise ; on ne peut que formuler des hypothèses basées sur des analogies.

L'abondance prédominante des stylospores permet de penser qu'ils sont les agents les plus importants de propagation de la maladie dans un même milieu. Par suite de la facilité avec laquelle ils germent, et de la minceur de leur membrane, il est probable qu'ils offrent peu de résistance aux variations atmosphériques (abaissement de température, alternatives de sécheresse et d'humidité), et qu'ils

(1) Cornu. *loc. cit.*, page 100.

ne peuvent parcourir de grandes distances. Le vent n'a probablement qu'un rôle très restreint dans leur dissémination, qui doit se produire surtout par l'action de l'eau, sous forme de rosée ou de pluie fine. On peut donc admettre, qu'une fois sortis du conceptacle qui les renfermait, ils perdent bientôt leur faculté germinative, s'ils ne trouvent un milieu propre à leur développement.

De quelle manière la maladie peut-elle donc se transmettre d'une année à l'autre? Nous savons que les spermaties, par la résistance qu'elles opposent à l'action des agents extérieurs, peuvent avoir quelque utilité en ce sens. Mais nous croyons que le nombre très restreint, à la fin de la végétation, des conceptacles qui les renferment, ne permet pas de leur attribuer un rôle bien considérable.

Les Ascomycètes ont généralement des conceptacles spéciaux (périthèces), qui renferment des *endospores* dont le rôle est, dans la plupart des cas, de traverser la mauvaise saison pour reproduire le parasite l'année suivante. Nous n'avons pas observé la forme à péristhèces dans le *Phoma uvicola*, et les essais que nous avons tentés dans le but de les faire développer, n'ont donné jusqu'à aujourd'hui aucun résultat absolument positif (1).

(1) Nos derniers essais, que nous croyons prématuré d'exposer actuellement, nous ont fourni cependant des résultats dont l'importance à ce point de vue sera très grande, si, en les vérifiant, nous parvenons à les établir d'une façon définitive. Des grains atteints du Black Rot, mis en terre, ont développé des sclérotes;

Il nous semble donc que se sont les stylospores qui doivent servir à la propagation de la maladie d'une année à l'autre. Mais il faut pour cela qu'ils soient intacts dans leurs fruits. Nous avons toujours trouvé, jusqu'à ce jour, des pycnides avec stylospores normalement constitués. Les grains atteints du Black Rot que nous avons examinés dans l'herbier de M. Von Thümen, et qui ont été récoltés en 1876 et en 1877, présentaient des stylospores qui, par la persistance de tous leurs caractères morphologiques, paraissaient avoir conservé leurs propriétés germinatives. De plus, M. L. Crié a vu les stylospores du *Pestalozzia monochæta*, champignon du même groupe que le

et maintenus dans le sol, à une température de 18° à 20° environ, ces sclérotes ont produit des filaments conidifères. Nous avons observé, le 17 décembre, à Val Marie, des sclérotes de même nature sur les grains détruits par le Black Rot et répandus sur le sol. Ces grains mis dans un milieu humide, à une température de 20° à 22°, ont produit les mêmes filaments conidifères. Nous croyons devoir signaler seulement ces faits, pour l'instant ; nous y reviendrons plus tard. Ellis (*Bull. Torrey Bot.* cl. 1880, p. 90 et Saccardo, *Sylloge Fungorum*. Tome I, p. 441) a trouvé, dans le New-Jersey, sur des grains garnis des conceptacles du *Phoma uvicola*, des périthèces ou fruits ascosporés, auquel il a donné le nom de *Physalospora Bidwelii*, dont Saccardo donne la diagnose suivante : « Peritheciis minutis globosis, epidermide tectis, demum suberumpentibus, apice poro pertusis ; ascis clavato-cylindraceis obtusis, 6, 7 = 12,5 ; sporidiis octo, irregulariter ellipticis vel oblongis, continuis, 12 — 17 = 4, 5 — 5, intus granulosis, paraphysibus nullis ». Ellis émet l'hypothèse que ces conceptacles pourraient bien être la forme à périthèces du Phoma uvicola ; il est le seul à les avoir signalés ; ces faits demandent donc à être vérifiés et confirmés.

Phoma uvicola, germer cinquante ans après avoir été récoltés et mis en herbier (1).

L'enveloppe épaisse et résistante des pycnides empêcherait donc toute action extérieure sur les stylospores, et il est probable qu'elle doit opposer beaucoup de résistance aux agents destructeurs.

Les grains desséchés par le Black Rot tombent à terre, et beaucoup de pycnides qu'ils renferment sont remplis encore aujourd'hui de spores parfaitement vivantes. Ce sont ces grains qui doivent être probablement la cause de la propagation à une certaine distance, s'ils sont entraînés par de fortes pluies ou par les eaux. Parfois certains grains, entièrement secs, se réduisent en petits fragments poussiéreux qui portent encore plusieurs pycnides. Ces fragments, facilement transportés par le vent, par suite de leur petitesse, peuvent aussi aller propager au loin la maladie.

On a émis l'hypothèse que les spermogonies n'appartenaient pas au *Phoma uvicola*, mais à un parasite de ce dernier. Des faits semblables se rencontrent, en effet, dans certains champignons du même groupe. M. Cornu, qui a soutenu cette opinion contre M. Prillieux, écrit : « Quand M. Tulasne avança la théorie du polymorphisme, il fit voir que les divers organes procédaient bien d'un même mycélium ; quand j'ai signalé le *Phoma* (?) de l'Anthracnose, j'ai pris soin d'établir

(1) L. Crié. *Monographie des Dépazées*, *in*. *Ann. des Sc. Nat.* 6me série, T. VII, 1878, page 35-36.

que les conidies et les pycnides étaient en relation complète et indiscutable sur la même tache et réunies au même point : j'ai observé des exemples particulièrement concluants.

» Ici rien de pareil ; les conceptacles sont, nous dit-on, sur l'écorce, les spermogonies sont dans le voisinage. On sait qu'il y a un très grand nombre de parasites de la vigne ; on a, en Autriche et en Italie, publié des ouvrages spéciaux sur ces parasites qu'on y a observés et qui s'élèvent à plusieurs centaines. Il est bien probable que ces deux organismes sont différents. D'ailleurs les spermogonies sont des organes reproducteurs précoces, dont la présence à une époque si tardive s'explique difficilement chez un champignon qui tue le tissu même où il se développe (1) ».

Or, les spermogonies, nous l'avons dit, sont surtout abondantes au début du développement de la maladie. Cette dernière partie de la critique de M. Cornu, qui pouvait être soutenue quand on n'avait pas encore étudié le parasite à toutes ses phases, sur un nombre assez considérable d'échantillons, a donc perdu aujourd'hui toute sa valeur.

Quant aux preuves qu'il réclame dans la note précédente et que nous allons donner, elles sont les mêmes que celles qu'il invoque dans son travail sur la reproduction des Ascomycètes, pour prouver que « *les sper-*

(1) Prillieux : *Quelques mots sur le Rot des vignes américaines et l'Anthracnose des vignes françaises. In Bull. Soc. Bot.* T. 27 1880, p. 34 — Max. Cornu. *Observations sur la communication de M. Prillieux.* Même recueil, p. 38-39.

mogonies n'appartiennent pas à un parasite (1) ». Elles sont aussi identiques à celles qu'a données Tulasne (2). En effet, « il y a continuité des tissus entre » les spermogonies et les pycnides. « De bonnes coupes peuvent le montrer aisément. Quand ils sont contenus dans des conceptacles différents et isolés les uns des autres, les tissus présentent un aspect identique, et le mycélium qui les porte offre partout la même apparence ». De plus « la forme extérieure, au diamètre près, le groupement qui les réunit, la façon dont l'écorce est soulevée ou modifiée, en un mot, le port général de ces conceptacles, montrent qu'on a bien affaire à des formes semblables et ayant entre elles la plus grande analogie ».

Voici un autre fait qui fera disparaître tous les doutes :

Lorsque les pycnides et les spermogonies sont accolées, séparées seulement par une membrane commune continue, on voit le mycélium qui se rend à la pycnide ou à la spermogonie présenter en tous ses points les mêmes caractères. La preuve la plus rigoureusement scientifique que l'on pourrait exiger, serait d'inoculer les spermaties sur des raisins sains et de voir se produire, sur les parties inoculées, des pycnides et des spermogonies ; mais la crainte de propager la maladie par ce moyen nous a empêché de tenter de pareilles expériences. D'ailleurs les faits que nous

(1) Max Cornu. *Reproductions des Ascomycètes*, page 74.

(2) Tulasne. *Selecta fungorum carpologia.*

avons exposés plus haut, ne permettent nullement de douter que les spermogonies sont bien la seconde forme d'organes reproducteurs du *Phoma uvicola*.

IV

CONDITIONS DE DÉVELOPPEMENT DU BLACK ROT

Les dégâts occasionnés par le Black Rot, dans le vignoble de Val Marie, n'ont été bien apparents qu'à partir du 15 juillet, après une pluie de 18^{mm} survenue vers la même date (1). Le 27, le 28, le 29 et le 30 juillet, ont lieu d'abondantes rosées; un orage survient du 1er au 2 août. Pendant toute cette période la température est très élevée; les maxima atteignent 35°, 36°, 37° ; les minima varient entre 18° et 20°. Aussi, la maladie se développe très activement et prend, en quelques jours, une extension considérable. Puis elle ralentit un peu sa marche. On crut même, à un moment donné, lors de la véraison des Aramons, qu'elle avait cessé ses ravages. Cet arrêt coïncide avec une diminution de l'état hygrométrique de l'atmosphère. En effet, du 13 au 27 le temps est sec. Les maxima ne s'élèvent guère au-dessus de 30°, et les

(1) Les observations météorologiques que nous citons ont été faites à l'observatoire de l'Ecole d'Agriculture. Nous n'avons pas de données précises sur la marche des phénomènes météorologiques à Ganges ; ils paraissent, toutefois, d'après les renseignements que nous avons pu nous procurer, en relation avec ceux observés à Montpellier.

minima ne dépassent pas 15°. Mais le 28, le 29 et le 30 ont lieu des pluies orageuses considérables, au total : 171^{mm}. Un nouvel orage éclate le 3 septembre, un épais brouillard apparaît le 5 septembre, et le ciel est couvert pendant plusieurs jours ; la température oscille entre 15° et 30° ; et la maladie reprend son intensité jusqu'au moment de la maturité, où ses effets sont insignifiants.

Ces observations, qui concordent d'une façon absolue avec celles faites en Amérique, permettent de conclure qu'une température et un état hygrométrique élevés sont nécessaires pour le développement du Black Rot. L'examen de la région envahie montre bien toute l'influence de ces deux conditions. Ainsi les vignes plantées sur les bords de l'Hérault, au voisinage de prairies arrosées, dans un milieu chaud et humide, ont été les plus attaquées. Celles, au contraire, placées dans les parties plus sèches ont beaucoup moins souffert ; en s'élevant un peu sur les coteaux, on pouvait voir la maladie diminuer d'intensité à mesure qu'on s'éloignait des rives.

Les conditions exceptionnelles de chaleur et d'humidité que le parasite exige pour son développement expliquent la faible extension qu'il a prise en dehors du vignoble de Val Marie. Elles nous donnent aussi à penser qu'il n'envahit pas brusquement toute une région, comme le Mildiou ou l'Oïdium. Sa marche serait peut-être plutôt comparable à celle de l'Anthracnose, mais avec cette différence qu'il se montre toujours à une époque plus tardive.

Quoi qu'il en soit, les ravages que le Black Rot a occasionnés dans les vignobles des environs de Ganges sont très importants. Ils légitiment certainement l'inquiétude qu'ils ont inspirée. En effet, les vignes les moins atteintes ont perdu le quart ou le cinquième de leur récolte. La parcelle d'Aramon la plus attaquée qui avait donné 562 comportes de raisins en 1884, n'en a produit, cette année, que 260. Il y a donc eu une perte de plus de la moitié, tandis que les parcelles non envahies ont donné des récoltes égales ou supérieures à celles de l'année précédente.

Dans les parties atteintes en dernier lieu, le mal, qui était peu apparent, s'est traduit par une diminution dans le rendement en jus. Ainsi 19 comportes d'Aramon, attaqué par le Black Rot, ont donné 7 hectolitres de vin ; 15 comportes d'Aramon sain ont suffi pour donner la même quantité.

Toutes les variétés n'ont pas été également atteintes ; toutefois aucune de celles qui étaient plantées dans le domaine de Val Marie ne s'est montrée indemne. Mais ce sont surtout les cépages à grains juteux et à pulpe abondante qui sont le plus attaqués. Ainsi l'Aramon est celui qui souffre le plus. Viendraient ensuite par ordre : *Carignan*, *Morrastel, Aspiran, Petit-Bouschet, Cinsaut*, *Jacquez*, *Alicante-Bouschet.*

Voici d'après Bush et Meissner les variétés américaines qui sont le plus sujettes à cette maladie : Catawba, Diana, Isabelle, Telegraph, Alexander, Agawam, Aminia, Autuchon, Concord, Beauty, Conqueror, Creveling, Missouri Riesling, Martha, Mason

Seedling, Maxatawney, Newark, Worden, Requa, Clinton, Jacquez, Herbemont. Ici encore on peut faire les mêmes observations que pour les variétés françaises. Ce sont toujours les raisins à grains gros et juteux (Catawba, Diana, Isabelle, Telegraph), qui sont les plus atteints.

Le Black Rot paraissant se localiser presque exclusivement sur les grains, il n'en résulte évidemment aucun affaiblissement pour la souche.

V

LE BLACK ROT EN AMÉRIQUE

Le Black Rot paraît très anciennement connu en Amérique ; mais les premières indications un peu précises que l'on ait sur sa nature ne remontent guère qu'à 1848. C'est à cette époque, d'après B. Batheam (1), qu'il fut remarqué dans le sud de l'Ohio, où il occasionna des ravages considérables ; les riches vignobles de cette région furent, en peu de temps, complètement ruinés. Vers la même date, Nicolas Longworth (2), indique les conditions dans lesquelles le développement de cette maladie est le plus rapide.

Dans un traité sur la culture de la vigne (3), dont la

(1) B. Bateham. Cité dans Bushberg Catalogue, page 50.

(2) Nicolas Longworth. Manufacture of wine, and Rot in grapes — Rot in grapes, etc., deux articles reproduits dans: *The culture of the grape* de R. Buchanan.

(3) Robert Buchanan. *The culture of the grape and Wine-Making.*

première édition a été publiée en 1850, Robert Buchanan signale aussi une maladie qu'il désigne sous le nom de Rot (1), et qui, par ses caractères est identique au Black Rot. Elle apparaît, dit-il, vers la fin du mois de juin et dans les premiers jours de juillet, et surtout « après des pluies continuelles et quand le soleil a été trop chaud et trop ardent. » Ainsi en 1850 et en 1851, années très sèches, ses dégâts ont été insignifiants, tandis que les années précédentes, plus humides, elle avait sévi avec beaucoup plus d'intensité.

D'après Andrew's Fuller (2), le Black Rot « est la plus nuisible de toutes les maladies connues; c'est un vrai fléau pour les états de l'Ouest. Les vignobles de Cincinnati ont plus souffert de cette seule maladie que de toutes les autres réunies. Le Catawba a été plus

(1) Nous avons à noter que la plupart des auteurs américains qui spécifient bien les caractères de cette maladie, la désignent indifféremment sous le nom de *Black Rot* ou de *Rot*. Nous croyons cependant qu'il vaut mieux adopter la désignation de *Black Rot*, pour éviter non-seulement une confusion avec les autres formes de *Rot* de la vigne, mais aussi avec beaucoup d'autres maladies de plantes diverses, que les américains désignent sous le nom vague de *Rot*.

Ce nom de *Rot* ou *Grape Rot* est donné encore, en Amérique, à l'action sur les fruits de la vigne de divers insectes; tels que l'*Eudemis Botrana*, Schiff., ou *Lobesia botrana* (voir *Treeleuse* : The Grape Rot, loc. cit., page 191).

Cet insecte américain correspond à la *Cochylis*, qui produit en France des ravages analogues sur les raisins. Inutile de dire qu'ils n'ont aucune relation d'*aucune sorte* avec le Black Rot.

(2) Andrew's Fuller. *The grape culturis*, 1867, page 206.

atteint qu'aucune autre variété. » Les observations de G. Strong (1) vont dans le même sens.

En 1861, le Dr G. Engelmann (2) caractérise nettement le Black Rot, et établit les différences qui le distinguent des autres formes de *Rot*, que l'on rencontre sur la vigne. Voici la description qu'il en a donnée tout récemment dans le *Bushberg Catalogue* (3) :

Le Black Rot se développe « sur les grains, généralement à l'époque où ils sont entièrement mûrs, en juillet et en août, très rarement quand ils sont à moitié mûris, en juin. On observe une petite tache brune avec un point central plus sombre ; cette tache s'étend et des pustules ou nodules, aisément visibles à l'œil nu, commençent à pénétrer sous l'épiderme ; ensuite tout le grain se ride, devient noir bleuâtre ; les pustules rendent la surface rugueuse.... »

Dans la même publication MM. Bush et Meissner, s'expriment ainsi sur ce sujet (4) :

« Le *Black Rot* (*Phoma uvicola*) apparaît sur les raisins presque entièrement mûrs, sous forme d'une petite tache ronde, décolorée, blanchâtre, qui s'étend rapidement en cercle, s'entoure d'une auréole sombre se nuançant de brun clair. Le grain qui la

(1) G. Strong. *Culture of the grape*, 1867.

(2) Georges Engelmann. In journal *of Proceedings of the acad., of Ssc. de Saint-Louis,* 16 Septembre 1861, page 165.

(3) G. Engelmann. *The Black Rot* in *Bushberg catalogue,* p. 48.

(4) *Bushberg catalogue,* page 50.

Voir aussi différents articles parus dans les *Report of the commissioner of Agriculture.*

porte tourne au brun foncé, et montre, examiné à la loupe, une surface pustuleuse ; ensuite il se ride graduellement, se dessèche et noircit. En plein été, quand le temps est lourd, les orages fréquents, l'horizon illuminé le soir par des lueurs continuelles, et quand les vignes sont très chargées de rosées le matin, alors le Rot apparaît.... L'humidité et la sécheresse peuvent influer sur le développement ou l'arrêt de la maladie. La nature du sol et l'exposition ne sont pas indifférentes ; le Black Rot sévit surtout dans les lieux bas et humides.... »

Ces caractères, on le voit, concordent d'une façon remarquable avec ceux qu'a présentés le Black Rot dans les vignobles des environs de Ganges et que nous avons décrits plus haut (1). L'identité est encore établie par les caractères anatomiques.

Engelmann décrit, le premier, dans le journal *of proceedings transactions* (Académie des Sciences, de Saint-Louis, du 16 septembre 1861) (2), le champignon cause de cette maladie. Il crut devoir le rapporter, tout d'abord, au genre *Nœmaspora* créé par Erhenberg, et le désigna sous le nom de *Nœmaspora ampelicida*. Mais, quelques années plus tard, il l'identifie au *Phoma uvicola*, que Berkeley et Curtis avaient décrit en 1873 (3).

(1) Voir page 8.

(2) Article rapporté dans le Traité de STRONG. *Culture of the grape*, p. 219.

(3) Berkeley et Curtis, in Grevillea, 1873, vol. II p. 82. Voir aussi : PIRROTTA. *Funghi parassiti dei vitigni*, p. 52. — SACCARDO. *Sylloge fungorum*, T. III, p. 149.

Von Thümen (1), M. Prillieux (2) et l'un de nous (3) ont étudié ce même champignon sur des grains atteints du Black Rot et récoltés en 1876 et en 1877 dans la Caroline et le New-Jersey.

Dans un travail tout récent sur les maladies les plus communes de la vigne en Amérique, M. Treelease (4) attribue le Black Rot au *Phoma uvicola ;* il décrit et figure ce parasite.

Toutes ces descriptions du *Phoma uvicola* sont conformes à celle que nous en avons donnée plus haut (5). Les caractères microscopiques extérieurs et de développement étant les mêmes dans les deux cas, il n'est donc point douteux que la maladie que nous avons observée à Val Marie est identique à celle connue en Amérique sous le nom de Black Rot.

Les remèdes proposés en Amérique pour combattre le Black Rot, tels que paillis, drainage, application de certaines méthodes de taille, de pincement........ n'ont pas donné de résultats bien marqués ; la maladie paraît cependant moins fréquente dans les terrains perméables. D'après Buchanan, Andrew's Fuller, Bush et Meissner, l'emploi des sels de soude, des

(1) Thumen. *Die Pilze die Weinstockes*, 1878, p. 15.

(2) E. Prillieux. *Quelques mots sur le Rot des vignes américaines et l'Anthracnosé des vignes françaises (Bull. Soc. Bot.* 1880, p. 34).

(3) Pierre Viala. *Les maladies de la vigne*, p. 163 et Pl. VII, fig. 5, 6, 7, 8.

(4) Treelease. *The Grape Rot* in *Transaction of the Wisconsin State Horticultural Society 1885*, fig. 4.

(5) Voir p. 13.

cendres, du sulfate de chaux, et même du soufre n'a pas été plus heureux. Ces auteurs concluent que dans les circonstances présentes, le meilleur moyen de s'en préserver est encore de ne planter que les variétés qui sont les moins attaquées.

A Val Marie aucun remède n'a été expérimenté. Toutefois cinq soufrages appliqués successivement, avec du soufre sublimé, contre l'Oïdium, n'ont entravé en aucune façon la marche du Black Rot. Peut-être obtiendra-t-on de meilleurs résultats des procédés que des personnes autorisées ont affirmé efficaces contre le Mildiou.

Ce serait ici le lieu de rechercher quelle est l'origine de cette maladie à Val Marie. A notre connaissance, elle n'a pas été signalée en Europe avant l'époque où nous l'avons observée dans les vignobles de l'Hérault. Par contre, on a vu plus haut qu'elle était très anciennement connue en Amérique. C'est donc de cette contrée qu'elle a dû nous arriver, tout comme le Phylloxera, le Mildiou......... et bien d'autres.

VI

DES DIVERSES FORMES DE ROT SUR LA VIGNE

Indépendamment du *Black Rot* ou *Dry Rot* (rot noir ou rot sec), on trouve mentionnées dans les publications américaines d'autres formes de *Rot*, sur lesquelles nous croyons devoir nous arrêter à cause des confusions dont elles ont été l'objet.

Robert Buchanan (1) signale seul une altération qu'il désigne sous le nom de *Speck* ou de *Bitter Rot* (rot amer). Les quelques indications qu'il donne sur sa nature, semblent la rapporter à la forme spéciale qu'affecte l'Anthracnose sur les grains. Nous pensons aussi que c'est l'affection que l'on appelle à Cincinnati, d'après M. Planchon, du nom de *Small pox* (petite vérole).

Les deux autres *Rot* sont dus au Peronospora ; leur cause est donc bien différente de celle qui produit le Black Rot. L'un est le *grey Rot* (Rot gris) appelé encore *common Rot*, *soft Rot* (Rot ordinaire, Rot juteux). Cette forme est le résultat le plus commun de l'action du Peronospora sur les grains de raisin.

C'est elle qui, en 1884 et surtout en 1885, a causé de si grands ravages en France, à tel point que certaines variétés, telles que le Jacquez, ont perdu les 2/3 ou les 4/5 de leurs grappes. Les auteurs américains ont depuis longtemps attribué cette altération au Peronospora. G. Husmann (2), qui la décrit le premier, à notre connaissance, sous la dénomination de Grey Rot, dit qu'elle suit généralement le Mildiou. D'après cet auteur, elle serait causée par cette dernière maladie. Elle a été observée en France, sur des

(1) Robert Buchanan, *loc. cit.*, page 20.
(2) George Husmann, *The cultivation of the native grape*, page 79.

souches de Jacquez, à peu près en même temps par MM. Prillieux (1) et Millardet (2).

Lorsque la grappe est attaquée à l'état très jeune par le Peronospora, les fructifications blanches se montrent souvent tout d'abord sur le bourrelet des pédicelles. Aucune autre partie de la grappe n'en présente, mais au bout de peu de temps ces efflorescences apparaissent sur le grain même par places limitées, puis elles disparaissent. Aux points où elles se sont montrées, la peau s'affaisse, se ride et prend une coloration brun clair livide. Si les grains ont été attaqués à une époque plus avancée de leur développement, ils présentent encore de petites taches de couleur grisâtre, diffuses, qui s'étendent rapidement. La baie cesse de s'accroître et se ride, puis elle se dessèche bientôt en laissant le pédicelle adhérent à la rafle.

Parfois cependant elle tombe avec un fragment plus ou moins considérable de la grappe. La marche de l'altération est rapide ; en quelques jours un raisin entier est complétement détruit, et les pertes qui en résultent sont toujours très considérables.

Les grains ainsi altérés, qu'ils présentent ou non à leur surface des touffes blanchâtres, sont toujours en-

(1) E. Prillieux. *Sur l'altération des grains de raisin par le Mildew*, 1882, C. R. 95, page 527 ; et *Etudes sur les dommages causés aux vignes par le Peronospora viticola*, in. *Annales de l'Institut national agronomique*, 1882, page 33.

(2) Millardet. *Mildiou et Rot, in Zeitschrift für Wein-obst-und Gartenbau für Elsasz-Lothringen*, 1883, pages 18 et 20 ; et *le Mildiou dans le Sud-Ouest en 1882, Journal d'Agriculture pratique*, 24 août 1882.

vahis par un mycélium abondant, variqueux et *sans cloisons*. Ses ramifications sont nombreuses, plus ou moins renflées, étranglées, à contour frangé et même lascinié (1). Tantôt elles présentent de profondes et fines découpures qui les font ressembler aux barbes d'une plume, tantôt elles forment des masses coralloïdes d'un aspect nacré, relativement grosses. Tous ces filaments mycéliens sont pourvus de suçoirs bien visibles, et appartiennent au *Peronospora viticola*. On peut, du reste, se rendre compte de la relation qui existe entre le mycélium et les fructifications du Peronospora viticola. Lorsque ces dernières se montrent à l'extérieur, la chose est très facile ; elle ne présente guère plus de difficultés, quand la baie ne porte à sa surface aucune efflorescence blanche.

On peut voir, en effet, dans la plupart des grains qui présentent ces caractères, de petites masses blanches, situées entre la pulpe et la graine, et qui sont formées par les filaments conidifères de ce champignon. Ces filaments s'insèrent sur le mycélium que nous avons décrit précédemment. En outre, si on place ces grains dans une chambre humide et à une température convenable, ils se recouvrent bientôt des mêmes fructifications (2).

(1) Prillieux. *Ann. de l'Institut agron.*, p. 38 et Pl. I et II, fig. 13 à 29. — Pierre Viala. *Les maladies de la vigne*, p. 23 et 42, Pl. IV.

(2) Le *Mildiou* se présente sur les jeunes rameaux herbacés, en affectant des caractères assez comparables à ceux qu'imprime le Grey Rot aux raisins ; nous les avons signalés pour la première fois cette année (*Progrès agricole*, T. IV).

Une coloration gris livide débute au niveau des nœuds, et s'étend

Le *Brown Rot* (Rot brun) a été signalé, pour la première fois, en 1861 (1) par Engelmann qui le rapporta d'abord d'une façon douteuse au Peronospora; il a affirmé cette idée en 1883 (2).

G. Husmann (3) le mentionne aussi en 1866, mais le considère comme moins nuisible que le Grey Rot.

L'un de nous (4) a eu l'occasion de l'observer en France. Ses caractères extérieurs ne sont pas sans analogie avec ceux du Black Rot. Les grains attaqués présentent une teinte jaune livide au pourtour du pédi-

de part et d'autre sur une surface plus ou moins grande. Les tissus ainsi altérés sur tout le pourtour du rameau, s'affaissent et se foncent en gris noirâtre. Ils se creusent même parfois de lésions irrégulières, peu profondes, et bien différentes des chancres dilacérés de l'Anthracnose. Ils ont alors une consistance molle et spongieuse, mais ils finissent par sécher. Le moindre mouvement suffit pour désarticuler, au niveau des nœuds, les sarments ainsi attaqués.

Nous n'avons observé ces altérations que sur l'extrémité des rameaux herbacés d'une vigne de Jacquez, qui a perdu les 4/5 de la récolte, sous l'effet du Mildiou. Elles sont bien dues au parasite qui est la cause de cette maladie. On pouvait se rendre facilement compte, qu'elles débutaient dans la région où le pétiole, détaché sous l'action du Mildiou, avait laissé une cicatrice qui portait des fructifications blanches. Ces fructifications se sont développées abondamment sur toute la surface des parties altérées, quand on a mis les rameaux dans un milieu humide, et les tissus étaient auparavant envahis par le mycélium du *Peronospora viticola*.

(1) G. Engelmann. In *Journal of proceeding transactions*, 18 septembre 1861.

(2) G. Engelmann. In *Bushberg catalogue*, page 48.

(3) G. Husmann. *Loc. cit.*, page 79.

(4) P. Viala. *Les Maladies de la vigne*, pages 23 et 42.

celle, la peau se surélève et la chair devient très pulpeuse. L'altération progresse peu à peu vers le sommet du grain, en prenant successivement des teintes plus foncées. Puis le grain se ride, devient d'un brun foncé et tombe quelque temps avant la maturité. Aucune fructification ne s'est montrée à la surface de la peau; mais si on examine l'intérieur du grain, on peut y reconnaître le mycélium du Peronospora viticola, et dans la région comprise entre la pulpe et la graine, les filaments fructifères du même champignon.

L'exposé sommaire que nous venons de faire des caractères extérieurs et microscopiques de ces diverses altérations, montre qu'elles n'ont rien de commun avec le Black Rot. On a cependant soutenu que cette dernière maladie était également due au Peronospora viticola. Voici comment M. Prillieux (1) s'exprime sur ce sujet :

« Grâce à l'obligeance d'un cryptogamiste américain des plus distingués, M. Farlow, j'ai pu étudier des grains de raisins atteints du *Rot*. Ils ont été récoltés à Saint-Louis (Missouri), par M. Engelmann, et sont couverts de *Phoma uvicola*. En les traitant comme je l'avais fait pour les raisins grillés des vignes attaquées par le Mildew, j'ai pu constater avec une certitude complète que leur pulpe était envahie par le mycélium du Peronospora.

» Il est donc certain que le Rot des vignes du

(1) Prillieux. *Cause du Rot des raisins en Amérique*, 1882, C. R., page 605.

Missouri est dû à la pénétration du Peronospora dans les grains du raisin, et que la maladie des grappes des vignes attaquées par le Mildew, cette année, en France, n'est autre chose que le Rot des Américains

» Il résulte, en outre, de cette observation, que le *Phoma uvicola* n'est pas, comme on l'a cru jusqu'ici, la cause du Rot ; il ne tue pas les grains, mais se développe sur ceux qui sont morts, désorganisés par le mycélium du *Peronospora*. »

Devant une affirmation aussi précise, nous avons dû rechercher si les observations de M. Prillieux étaient exactes dans tous les cas, et si le *Phoma uvicola* ne devait être considéré désormais que comme un saprophyte. Nous avons vu que les auteurs américains les plus autorisés reconnaissaient bien la nature du Black Rot, et qu'Engelmann l'attribuait exclusivement au *Phoma uvicola*. En se basant uniquement sur les caractères extérieurs et de développement, on peut déjà déduire que cette maladie est bien de nature spéciale ; c'est l'impression que nous avons recueillie lors de notre première visite à Val Marie. Dans le vignoble, où elle a fait le plus de ravages, le Peronospora existait à peine ; seuls, le Jacquez, les Terrets, la Carignane avaient les feuilles atteintes d'une façon sensible ; quelques pieds isolés d'Aramon portaient sur un petit nombre de feuilles des traces des fructifications blanches du Peronospora, mais rien sur les fruits ne révélait l'action de ce parasite. Or, l'Aramon est le cépage qui, cette année, a été le moins atteint par le Peronospora; c'est lui, au contraire, qui a le plus souffert du Black Rot. Les fruits du Jacquez ont été très attaqués par le Mildiou ; ils n'ont présenté que des traces du Black Rot. Il en a été de même pour le Terret, etc.

En Amérique, on a fait les mêmes observations. Le Catawba, le Concord, le Diana, l'Isabelle ne sont pas les variétés les plus attaquées par le Mildew ; par contre, ce sont les plus sujettes au Black Rot. Le Delaware souffre beaucoup du Peronospora, même dans les saisons normales ; il est totalement exempt de Black Rot. Il n'existe donc aucune relation entre le développement du Mildiou et le Black Rot, ainsi que cela devrait avoir lieu si ces deux affections étaient dues à une même cause. Mais il y a plus. Les taches des feuilles qui portaient des pustules du *Phoma uvicola* n'ont présenté dans, aucun cas, trace des fructifications du Peronospora ; et un examen microscopique bien souvent repété ne nous a pas montré, dans l'intérieur des grains altérés par le Black Rot, le mycélium bien caractéristique de ce champignon ; nous n'avons vu que les filaments mycéliens du *Phoma uvicola*.

Au reste M. Prillieux, dans un travail postérieur à la note que nous avons citée, ne nie plus l'action parasitaire du *Phoma uvicola*. Après avoir rappelé qu'il a trouvé dans les grains qui lui ont été envoyés par M. Farlow, et qui présentaient à leur surface les fructifications du *Phoma uvicola*, le mycélium du Peronospora, il ajoute :

« Je ne voudrais cependant pas conclure de cette observation que le Rot commun des Américains est causé par le Peronospora et non par le *Phoma uvicola ;* les deux parasites peuvent attaquer en même temps les mêmes grains.

» Je suis d'autant plus porté à considérer la maladie des grains attaqués par le Peronospora comme distincte de celle que produit en Amérique le *Phoma uvicola*, que j'ai vu à Nérac des grains non envahis par le Peronospora qui présentaient une couleur et un aspect tout spécial et sur lesquels se développaient en abondance de très nombreux *Phoma* analogues, sinon identiques, à ceux qui couvrent les grains tués par le Rot en Amérique.

» Serait-ce une première apparition en Europe de la maladie américaine (1). »

Dans un de ses premiers travaux sur le Mildiou. M. Millardet avait écrit (2) : « Les désordres produits par le parasite dont nous parlons (le Peronospora) sur les grappes de la vigne, sont regardés en Amérique comme constituant une maladie spéciale du raisin, le Rot (pourriture, carie, dessèchement). On accuse même, d'après les données fournies par M. Engelmann un champignon particulier (Phoma uvicola) d'être la cause de cette affection.... Quant au Phoma uvicola, aux autres espèces de Phoma et aux divers champignons que l'on trouve à la surface ou dans l'intérieur des

(1) Prillieux. *Ann. de l'Institut agron.*, 1883, page 43.

(2) Zeitschrift für Wein, *loc. cit.*

grains de raisin rotés, bien loin d'être la cause du Rot, ils ne sont capables de se développer que sur des fruits déjà tués par la maladie (le Mildew). »

Mais M. Millardet, après avoir examiné des grains atteints du Black Rot que nous lui avions envoyés, nous écrit : « Dans quatre des grains présentant la maladie à son premier stade de développement, je n'ai pas vu trace de mycélium du Peronospora, non plus que dans un des grains complètement desséchés. Il me semble donc à peu près certain que le Mildew n'a rien à faire dans ce Rot.... » (1)

Il reste donc bien acquis que le *Phoma uvicola* est un parasite, et qu'il est *seul* la cause du Black Rot.

VII

BLACK ROT ET ANTHRACNOSE

On a confondu et on confond encore, dans les publications, le Black Rot avec l'Anthracnose. Cette question de similitude ou de différence de ces deux maladies a donné lieu à des discussions nombreuses de la part d'hommes très compétents. Les divergences de leurs vues sont dues à ce qu'ils n'ont pas eu, dans la plupart des cas, des échantillons authentiques entre les mains.

Dans le premier travail scientifique fait sur l'Anthracnose, M. de Bary (2), à propos de certains con-

(1) Lettre particulière dont M. Millardet a bien voulu nous autoriser à reproduire le passage que nous rapportons.

(2) De Bary. *Bot. Zeit.*, 1874.

ceptacles qu'il avait observés dans les tissus les plus âgés des taches de l'Anthracnose maculée (*Schwarzer Brenner*, brûleur noir), et qu'il comparait aux formes désignées sous les noms de *Cytispora* et de *Nœmaspora*, se demandait si ces fructifications ne pouvaient pas être rapportées à celles qu'avait décrites primitivement Engelmann, sous le nom de *Nœmaspora ampelicida*, en les donnant comme cause du Black Rot de l'Amérique du Nord.

Les conceptacles de l'Anthracnose, signalés simplement par M. de Bary, ont été décrits par M. Rodolphe Gœthe (1) ; mais cet auteur n'a point examiné s'il y avait une relation quelconque entre eux et le *Phoma uvicola*.

M. Pulliat (2) admet que le Black Rot est identique à l'Anthracnose.

Cette dernière, dit-il, « n'existe pas seulement dans tous les vignobles de l'Europe, et probablement dans tous ceux de l'ancien continent ; elle sévit aussi sur les vignes en Amérique, où on la connaît sous le nom de *Black Rot*. »

M. Arcangeli (3) identifie le *Rot* à l'Anthracnose, et le *Phoma uvicola* au *Ramularia ampelophaga*.

M. Planchon (4), sans se prononcer d'une façon

(1) R. Gœthe. *Mittheilungen über den schwarzen Brenner der Reben.* Berlin-Leipzig, 1878.

(2) V. Pulliat. *Journal d'agriculture pratique*, 1878, p. 266.

(3) Arcangeli. *Nuovo giornale botanico italiano*, T. IX, 1877.

(4) J.-E. Planchon. *Les vignes américaines*, 1875.

absolue, a pensé, pendant un certain temps, que ces deux maladies pouvaient bien être semblables.

Dans une discussion, reprise par deux fois, entre MM. Cornu et Prillieux, dans le *Bulletin de la Société botanique de France*, M. Cornu a soutenu très catégoriquement que le Black Rot était identique à l'Anthracnose, qu'il avait étudiée en 1877 dans le vignoble Narbonnais. Ainsi que M. Portes (1), il n'hésite pas à considérer comme cause de cette dernière maladie le *Phoma uvicola,* qui serait la forme à conceptacles du *Sphaceloma ampelinum* de Bary. « J'ai rencontré le premier, dit-il, la forme pycnidienne qui fut décrite dans une Note qui a paru aux *Comptes rendus de l'Académie des Sciences*; c'est le *Phoma uvicola* Berk et Curtis. »

« Ne serait-ce point une importation due aux vignes américaines, importation réitérée et qui se serait plus solidement établie cette fois que jadis ? C'est le *Black Rot* des américains. Ce champignon a reçu de M. de Bary un nom nouveau : *Sphaceloma ampelinum*, et n'avait pas avant cette époque attiré l'attention des savants (2) ».

Engelmann (3), après avoir décrit le Black Rot, s'exprime ainsi dans le *Bushberg Catalogue :* « En Europe il existe une autre maladie cryptogamique de la vigne, appelée *Brenner* en Allemagne, *Anthrac-*

(1) Portes. De l'*Anthracnose*. Paris, 1879.
(2) Max. Cornu. *Bull. Soc. Bot.* 1879, p. 321.
(3) Engelmann. *Bushberg Catalogue* 1883, p. 48, *en note*.

nose en France et décrite sous le nom de *Sphaceloma ampelinum*, laquelle avait été supposée, par quelques observateurs, être une forme de notre Black Rot décrit plus haut. Cette opinion est peu fondée ».

MM. Bush et Meissner (1) dans le même ouvrage ajoutent, à propos de la Note précédente : « Malheureusement, nous avons, ces derniers temps, constaté chez nous le *Sphaceloma*. Comment et d'où est-il venu ? nous n'en savons rien. Ayant eu l'occasion d'observer l'Anthracnose en France, nous n'avons pu nous empêcher de la reconnaître ici ; heureusement qu'elle s'est encore peu répandue. »

Ainsi donc l'Anthracnose existe en Amérique et y est parfaitement distinguée du Black Rot. Il y a plus. Nous avons vu que Berkeley et Curtis et Engelmann avaient très bien caractérisé le *Phoma uvicola*. MM. Von Thümen (2), Saccardo (3) le différencient nettement du champignon de l'Anthracnose (*Sphaceloma ampelinum* de Bary, *Glœosporium ampelinum*, Sacc.). M. Prillieux, dans deux travaux importants (4), où est donnée pour la première fois la description des spermogonies du *Phoma uvicola*, affirme, en se basant sur les caractères des organes fructifères de ce champignon, que le Black Rot est

(1) Bush et Meissner. *Bushberg Catalogue* 1883, p. 48, en Note.

(2) Von Thümenn. *Die Pilze des Weinstockes*. (Wien. 1878) — Von Thümen. *Die Pocken des Weinstockes* in *Wiener Land-Wirthschaftliche Zeitung*, 1878.

(3) Saccardo. *Il vajolo della vite*, 1877 — et *Sylloge Fungorum*.

(4) Prillieux. *Bull. Soc. Bot.* 1879 et 1880.

différent de l'Anthracnose. L'un de nous (1), en étudiant les mêmes échantillons que M. Prillieux, s'était rangé à cet avis et avait décrit et figuré les organes reproducteurs du *Phoma uvicola*.

M. Planchon, après avoir examiné avec soin les échantillons que nous lui avons montrés, a écrit à propos de notre première communication à l'Académie des Sciences : « Les grains affectés de *Black Rot* qu'a bien voulu me montrer M. Viala m'ont paru couverts sur toute leur surface de petites pustules noires, tandis que l'Anthracnose maculée des grains de raisins, telle qu'elle est connue depuis longtemps en Europe, procède par taches isolées, pouvant devenir confluentes. Cette dernière forme d'Anthracnose existe, du reste, aussi en Amérique, et c'est même celle que feu le Dr Engelmann m'a donnée à Saint-Louis en 1873 comme étant le Black Rot causé par le *Phoma viticola* (2). C'est sous ce nom que j'en ai communiqué un échantillon à M. Cornu. Mais je serais porté à croire que la maladie signalée par MM. Viala et Ravaz répond plus exactement que l'autre au vrai Black Rot des américains (3). »

Voici de plus la note que M. Planchon a eu l'obligeance de nous communiquer et qu'il a écrite chez le Dr Engelmann, à Saint-Louis (Missouri), le 22 septembre 1873. « D'après M. le Dr Engelmann, le *Rot* des raisins serait causé principalement par une espèce de

(1) P. Viala. *Loc. cit.* p. 163.
(2) Planchon. *Vigne américaine*, 1885, page 298.
(3) C'est *Phoma uvicola* qu'il faut lire.

Phoma décrite par Berkeley et Curtis, sous le nom de *Phoma uvicola;* M. Engelmann m'a donné un grain mûr de Concord dont une grande plaque d'épiderme porte de petites pustules (probablement de Phoma). C'est la première fois que M. Engelmann a vu ces pustules se développer sur l'épiderme seul sans que le grain se dessèche en même temps. »

Nous avons cru devoir faire cet historique de la question, afin de ne laisser planer aucun vague sur elle. L'on voit, d'après ce que nous venons de dire, que les différences qui existent entre le Black Rot et l'Anthracnose ne sont point douteuses. Mais comme on a affirmé de nouveau, bien gratuitement il est vrai, que le Black Rot n'était que la maladie anciennement connue sous le nom d'Anthracnose et qui avait exercé ses ravages dans le Narbonnais en 1877, nous devons préciser, pour les esprits prévenus, les caractères de cette dernière. On verra qu'ils n'ont rien de comparable avec ceux que nous avons donnés plus haut pour le Black Rot.

L'Anthracnose apparaît sur les grains de raisins dès leur premier développement ; elle cesse de prendre de l'extension à partir de la véraison. Une certaine humidité lui est nécessaire ; mais elle se montre même lorsque la température est peu élevée ; aussi les vignes sont-elles parfois attaquées dès le mois de mai.

L'action de l'Anthracnose sur les grains verts se révèle par des taches noires, d'un blanc grisâtre au centre, qui s'accroissent lentement en se creusant et en conservant un contour plus ou moins moins circulaire. Elles sont toujours bordées d'une auréole noire très apparente. Les lésions peuvent être assez profondes pour que les graines soient mises à nu, la plaie est alors irrégulière et le grain est rongé, surtout lorsque les taches, assez nombreuses sur un même grain, se réunissent par leurs bords.

Les grains ainsi atteints ne prennent jamais la coloration brun livide générale et l'aspect pulpeux caractéristique des premières phases du développement du Black Rot. Les parties de la baie non recouvertes par des taches restent saines et conservent leurs caractères normaux.

La forme maculée de l'Anthracnose attaque plus souvent les sarments, qu'elle déforme en creusant des chancres irréguliers et très profonds. Sur les feuilles, elle forme de petites taches circulaires, peu développées, et toujours bordées d'une auréole noire ; les tissus desséchés tombent bientôt et laissent un trou.

Le *Sphaceloma ampelinum* possède un appareil conidifère extérieur, qui compose les taches grisâtres que nous signalions tout à l'heure. Ces taches sont formées de touffes de cellules libres, parallèles, plus longues que larges, comprimées les unes contre les autres, et de l'extrémité desquelles se détachent des conidies ovoïdes cylindriques, un peu allongées, à protoplasma homogène et incolore, et marquées à leurs deux extrémités d'un point plus réfringent. Leurs dimensions varient de $0^{mm}003$ à $0^{mm}006$. C'est là l'organe fructifère que l'on rencontre dans la presque généralité des cas. La plupart des observateurs et nous-mêmes n'en avons pas observé d'autre, malgré de nombreuses recherches faites pendant plusieurs années à ce sujet. Toutefois M. Rodolphe Gœthe (1) a signalé, seulement dans les chancres anciens des sarments et, plongés au sein des tissus, des pycnides qui, d'après la description et les figures qu'il en donne (Taf. IV, fig. 16), sont absolument différentes de celles que l'on trouve sur les grains atteints du Black Rot. Les stylospores ont la même forme et les mêmes dimensions que les spores extérieurs du *Sphacceloma ampelinum;* ils ne peuvent être rapprochés de ceux du *Phoma uvicola.*

M. Max. Cornu (2) a aussi observé sur les raisins atteints de l'Anthracnose maculée des conceptacles particuliers, bien différents de ceux décrits par M. R. Gœthe. « Ce sont, dit-il, de très petits conceptacles, véritables pycnides, donnant naissance à un nombre énorme de petites spores sortant à l'extérieur sous forme de fils très fins et entortillés ; vues en nombre immense, ces spores sont rosées. Sous cette forme, le parasite semblerait rentrer dans les genres *Phyllosticta* ou *Depazea*, ou bien pourrait être décrit sous le nom de *Phoma* ». Cette description est loin d'être suffisante pour caractériser une forme quelconque d'un champignon ; toutefois, elle ne présente, dans ses traits les mieux établis, rien de commun avec celle que nous avons donnée des pycnides et des spermogonies du *Phoma uvicola.*

(1) Rodolphe Gœthe *Mittheilungen. Loc. cit.*
(2) Max. Cornu. *C. R.*, juillet 1878, p. 209.

Quant à l'Anthracnose ponctuée, elle se développe rarement sur les grains. Fabre et Dunal (1) l'ont seuls signalée sur ces organes, d'une façon qui paraît certaine. « Les grains envahis, disent-ils, présentent l'aspect de ceux qui ont été frappés de la grêle ou des plombs d'un coup de fusil ». Les taches noires qu'ellé occasionne sont de forme arrondie et de consistance coriace. Nous les avons observées rarement nombreuses, et dans tous les cas où nous les avons vues, le grain n'en ressentait aucun effet. Ces pustules petites, peu surélevées, sont assez semblables aux lenticelles qu'on rencontre sur beaucoup de grains de raisins. Leur action se limite à la partie de la peau sur laquelle elles se développent; le reste du grain reste toujours sain. Elles sont constituées par des cellules agglomérées, brunes, très denses, subérifiées à l'extérieur ; nous n'y avons jamais décélé la trace du parasite.

Nous avons cru utile de rentrer dans tous ces détails comparatifs pour ne laisser aucun doute sur la nature bien spéciale de la maladie que les Américains nomment *Black Rot.*

(1) Fabre et Dunal. *Observations sur les maladies régnantes de la vigne. Bull. Soc. Agr. Hérault,* 1853.

VIII

FORMES DE **Phoma** SE DÉVELOPPANT SUR LES FRUITS DE LA VIGNE

Certains champignons, appartenant au même groupe que le *Phoma uvicola*, se développent aussi sur les grains de raisin et leur impriment des caractères extérieurs et définitifs, qui sont parfois assez comparables à ceux que nous avons donnés pour le Black Rot et qu'il faut savoir distinguer. Nous allons indiquer les espèces que nous avons rencontrées le plus fréquemment et que l'on pourrait confondre, à première vue, avec le *Phoma uvicola;* il en est qui n'ont été signalées par aucun observateur.

L'une a été observée dans les Pyrénées-Orientales, à Argellès-sur-Mer, dans une vigne plantée dans un terrain d'alluvion, fertile et frais. Elle s'était développée sur des grappes de raisins entièrement mûres, oubliées après la vendange. Aucun dégât n'avait été remarqué lors de la récolte ; cette observation isolée nous porte à croire que cette espèce est exclusivement saprophyte.

Les grains atteints présentent, à la surface, de petites pustules noirâtres, assez nombreuses et un peu surélevées. La peau et la pulpe sont ridées et collées contre les pépins ; mais leur dessiccation n'est jamais complète ; elles demeurent toujours un peu molles et plastiques. Les pustules sont constituées par deux

Pl. IV.

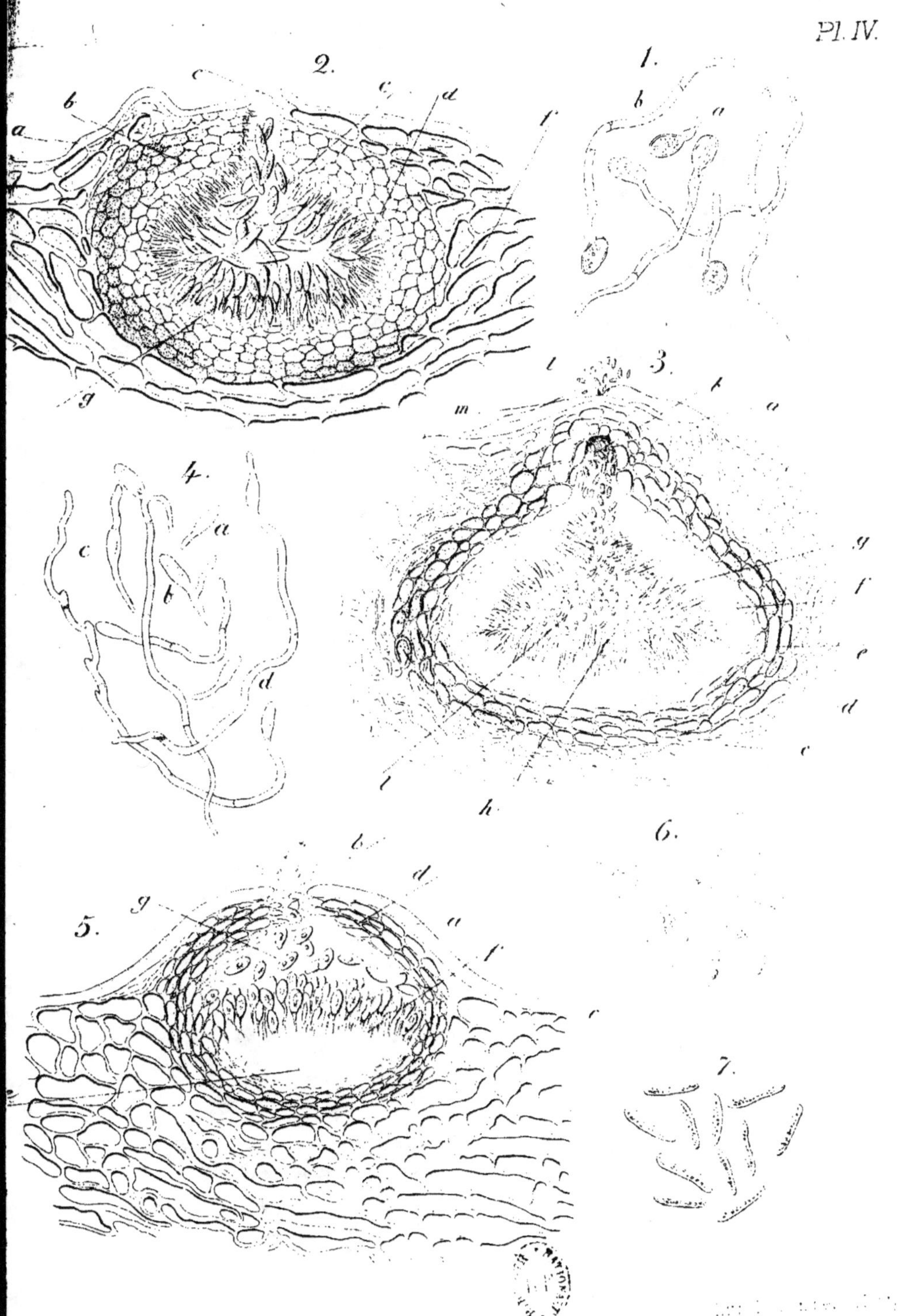

P. Viala et L. Ravaz, del.

1. *Phoma uvicola*. — 2-4. *Ph. flaccida*. — 7. *Ph. reniformis*
5. 6. *Coniothyrium diplodiella*.

sortes de conceptacles : des pycnides et des spermogonies. Les premiers (Pl. IV, fig. 2), formés d'une enveloppe de couleur brune foncée (Pl. IV, fig. 2 *b*), contiennent des stylospores en forme de fuseau raccourci, à protoplasma homogène (Pl. IV, fig. 2 *e*), et mesurant de 16μ à 19μ de longueur sur 6μ de diamètre. Elles naissent au sommet de fins basides qui tapissent toute la paroi interne de la pycnide. (Pl. IV, fig. 2 *d*). Arrivées à maturité, elles se détachent de leur support et sortent à l'extérieur par l'ostiole percée à la partie du conceptacle qui fait le plus saillie au dehors (Pl. IV, fig. 2 *c*). S'ils rencontrent un milieu favorable, ils germent aussitôt, en émettant tantôt à une de leurs extrémités seulement, tantôt à toutes les deux, un tube très fin et cloisonné (Pl. IV, fig. 4). On peut obtenir très facilement leur germination dans une goutte d'eau, à une température comprise entre 18° et 20°.

L'enveloppe des spermogonies présente la même structure que celle des pycnides (Pl. IV, fig. 3). Les basides portent des *spermaties* très petites (Pl. IV, fig. 3 *l*), en forme de courts bâtonnets, obtus, et dont les dimensions ne dépassent pas 1μ de longueur sur 1μ7 de largeur.

Certains conceptacles renferment à la fois des stylospores et des spermaties (Pl. IV, fig. 3 *h*).

Le mycélium est très abondant dans tous les tissus du grain attaqué (Pl. IV, fig. 3 *c*) ; parfois même il forme une couche d'un blanc laiteux entre la pulpe et la graine.

Ce champignon n'a pas encore été décrit. Ses caractères le placent dans le genre Phoma; nous le nommons *Phoma flaccida*.

La seconde espèce est le *Coniothyrium diplodiella*, Speg. (1), (*Phoma diplodiella*, Speg.) Nous l'avons trouvée dans l'Isère, à Saint-Romain, sur des grappes à peu près mûres de *Grosse noire* et de *Mornen noir*, qui s'étaient flétries à la suite d'une longue sécheresse. Ce champignon apparaît au moment où le grain va se rider. Il forme sous la peau de petites pustules qui s'accroissent rapidement, crèvent la cuticule, et se montrent au dehors sous forme de ponctuations rosées très saillantes. Parvenues au terme de leur développement, les pycnides (Pl. IV, fig 5) ne sont plus limitées que par une mince membrane, de couleur brune peu foncée. Elles sont un peu déprimées et mesurent de 130μ à 160μ de longueur sur 90μ à 120μ de hauteur.

Les spores (Pl. IV, fig. 5 *g*) naissent sur des basides un peu renflées à la base (Pl. IV, fig. 5 *f*) et insérées sur un tissu très délicat qui occupe (Pl. IV, fig. 5 *e*) la partie basilaire de la pycnide. Au moment où elles se détachent, elles sont encore incolores, hyalines, mais elles prennent bientôt une teinte brune assez foncée et présentent, au centre, un gros point plus réfringent. Elles sont ovoïdes ou pyriformes ; l'extrémité la plus effilée est toujours celle par la-

(1) Spegazzini. *Ampelomiceti italici in Rivista di viticoltura ed enologia italiana*, 1870, p. 339, Pl. IV. — Saccardo. *Sylloge Fungorum*. Vol. III, p. 310.

quelle elles sont fixées sur le stérigmate ; leurs dimensions varient de 8μ à 11μ de longueur sur 5μ5 de largeur(Pl. IV, fig. 5). A une température de 18° 20°, elles germent facilement dans une goutte d'eau, en donnant naissance, en un point quelconque de leur surface, à un tube germinatif cloisonné (Pl. IV, fig. 6).

Le mycélium est très abondant dans la pulpe ; il forme parfois des pycnides à la surface des téguments de la graine.

Comme la précédente, cette espèce ne cause aucun dégât ; elle vit en saprophyte.

Une autre forme a été observée à Lavérune (Hérault), sur des grains de Chasselas déjà cueillis. La pulpe et la peau n'avaient pas changé de constitution, ni de couleur. A la surface se montraient, disséminées mais assez nombreuses, des pustules d'un brun noirâtre, un peu plus grandes que celles qui ont été décrites jusqu'ici.

Les pycnides émergent à peine de la surface de la baie ; elles sont allongées, surbaissées, un peu déprimées vers la partie où est creusée l'ostiole, et mesurent 363μ de longueur, sur 253μ de hauteur ; leur membrane est d'un roux clair. Les spores apparaissent au sommet de basides droits et très nombreux. Elles sont allongées, à contour un peu ondulé, obtuses à chaque extrémité et renflées au centre Elles mesurent 22μ de longueur sur 6μ de largeur (Pl. IV, fig. 7).

Le mycélium est très ramifié, flexueux, mais non variqueux, cloisonné de loin en loin, blanchâtre et de dimensions variables (Dim. 1μ,5 à 4μ,5).

Ce champignon est saprophyte au même titre que les précédents et appartient au genre *Phoma*. Ses caractères le rapprochent du *Phoma Rimiseda* Sacc. (1) et du *Phoma Longispora* Thüm. (*Leptothyrium longisporum* Thüm. (2); il en est toutefois bien différent. Nous le nommons *Phoma reniformis*, à cause de la forme des pycnides.

En Italie, le *Phoma Baccae* Catt. (3) se développe aussi sur les grains de raisin arrivés à maturité. Selon M. Briosi (4), il serait la cause du *Rot* américain, c'est là une erreur ; le *Phoma Baccae* n'a jamais été signalé en Amérique.

Les basides, ramifiées et cloisonnées, sont insérées sur un disque très proéminent placé au fond de la pycnide ; elles s'irradient vers les parois et portent à leur sommet des spores uniloculaires, ovoïdes, arrondies à leurs deux extrémités et mesurant 12μ de longueur.

Ce champignon a été observé à plusieurs reprises, dans quelques vignobles italiens ; on le considère comme parasite et produisant des dégâts assez importants.

Montpellier, 25 janvier 1886.

(1) Saccardo. *Sollogc fungorum*, Vol. III, p. 78.

(2) Thumen. *Die Pilze des Weinstockes*, page 153. — Saccardo, *loc. cit.* Vol. III, page 79.

(3) Cattaneo. *Due nuovi miceti parassiti delle viti*. Pavie, 1877.

(4) *Bolletino di notizie agraria*, 1885, page 1846.

BIBLIOGRAPHIE

ANDREW'S FULLER. *The grape culturist.* New-York, 1867.

G. ARCANGELI. *Sopra una malattia della vite.* (Nuovo. Gior. hot. ital. 1877.)

DE BARY. *Ueber den sogenanten Brenner (Pech) der Reben.* Bot. Zeit. 1874.

BERKELEY et CURTIS. *Grevillea,* 1873. Vol. II, p. 82.

ROBERT BUCHANAN. *The culture of the grape and wine making.* Cincinnati, 1865.

BUSH AND SON AND MEISSNER. Bushberg catalogue. Missouri, 1883.

A. CATTANEO. Due nuovi miceti parassiti delle viti. Milano, 1877.

MAX. CORNU. C. R. 1877. *Reproduction des Ascomycètes.* (*An. Sc. nat.,* VI° série, tom. 3.) — *Id. Bulletin Société bot.,* 1879 et 1880.

ELLIS. North american fungi, N° 26.

ENGELMANN. Journal of proceeding. Transaction. of the Acad. of Sc. St-Louis (Missouri) 1861. — *Id. The Mildew and the Black Rot.* (Bushberg Catalogue), 1883.

RODOLPHE GŒTHE. *Mittheilungen über den schwarzen Brenner und den Grind der Reben.* (Berlin und Leipzig 1878.)

Georges HUSMANN. *The cultivation of the native grape.* New-York, 1866.

MILLARDET. *Le Mildiou dans le Sud-Ouest.* (Journal d'Agriculture pratique, 1882). — *Id. Le Mildiou et le Rot* (Zeitschrift fur Wein-Obst-und Gartenbau, für Elsasz-Lothringen, 1883.)

PIROTTA. *Funghi parassiti dei vitigni,* 1877, Milano.

PLANCHON. *Les vignes américaines.* Paris, 1875.

L. Portes. *De l'Anthracnose.* 1879, Paris.

Ed. Prillieux. *L'Anthracnose de la vigne dans le centre de la France* (Bull. Soc. bot. 1879). — *Id. Quelques mots sur le Rot des vignes américaines et l'Anthracnose des vignes françaises* (*Id.* 1880). — *Id. Cause du Rot des raisins en Amérique* (C. R. 1882). — *Id. Etudes sur les dommages causés aux vignes par le Peronospora viticola.* (Ann. de l'Inst. nat. agronomique, 1883.)

V. Pulliat. *L'Anthracnose de la vigne.* (Journal d'Agriculture pratique, 1878.)

Report *of the commissioner of agriculture.*

Saccardo. *Sylloge fungorum,* vol. III, Patawii, 1884. — *Id. Il vajolo della vite.* (Rivista di viticoltura ed œnologia italiana, 1877.)

Spegazzini. *Ampelomiceti italici.* (Rivista di viticoltura ed œnologia italiana, 1878.)

J. Strong. *Culture of the grape.* Boston, 1867.

Felix von Thümen. *Die Pilze des Weinstockes.* Wien, 1878. — *Id. Die Pocken des Weinstockes.* Wien, 1880, 1 planche. — *Id. Mycotheca universalis,* N° 1386.

Tulasne. *Selecta Fungorum Carpologia.*

Treelease. *The grape Rot,* 1885.

P. Viala. *Les maladies de la Vigne.* (Montpellier, 1885.)

P. Viala et L. Ravaz. *Le Black Rot américain dans les vignobles français.* C. R. 1885. — *Id. Nouvelles observations sur le Black Rot.* (Progrès agricole et Vigne américaine, 1885.)

EXPLICATION DES PLANCHES

Planche I

Grappe d'*Aramon* attaquée par le Black Rot, avec grains à des états successifs d'altération.

Planche II

En bas : deux grains grossis de la grappe précédente ; — à gauche : un grain de raisin grossi quatre fois, sur lequel apparaissent les pustules du *Phoma uvicola;* il commence à se rider et passe de la teinte rouge brun livide à une nuance noire ; — à droite : grain grossi six fois, d'un noir foncé, ridé, avec la peau chagrinée ; les pustules ont envahi toute la surface.

Planche III

Fig. 1. — Un fragment de la pellicule d'un grain, atteint du *Black Rot*, vu par sa face supérieure, à un grossissement de 100/1, et montrant les fruits du *Phoma uvicola* qui émergent à la surface ; *a*, conceptacle, avec la cuticule qui le recouvre, déchirée en forme de triangle, au-dessus de l'ostiole du fruit ; *b*, pycnide émettant par l'ostiole une traînée de stylospores ; *c*, mycélium vu par transparence à travers la cuticule ; *d*, conceptacle avec la cuticule fendue en boutonnière, l'ostiole ne s'est pas encore dessinée ; *e*, conceptacle recouvert encore de la cuticule non déchirée.

Fig. 2. — Coupe transversale d'un fragment de grain de raisin, passant par les fruits du *Phoma uvicola;* par suite du rétrécissement et de la dessiccation, l'ensemble paraît former une masse homogène ; *a*, cuticule irrégulièrement dilacérée ; *b*, conceptacles. Grossissement : 100/1.

Fig. 3. — Coupe transversale à travers une portion d'une pycnide du *Phoma uvicola ; a*, enveloppe ; *b*, basides insérées sur une couche claire *d; c*, spores ou stylospores. Grossissement : 700/1.

Fig. 4. — Coupe d'une spermogonie ; *a*, enveloppe ; *b*, zone incolore supportant les basides *c* ; *d*, spermaties ; *e*, cuticule ; *f*, ouverture de la spermogonie. Grossissement : 550/1.

Fig. 5. — Mycélium incolore du *Phoma uvicola*, pris dans la pulpe ; *a*, ramification étroite se détachant d'un plus gros filament variqueux ; *b*, filament prenant naissance sur un rameau à diamètre plus petit et s'effilant à son extrémité ; *c*, *c*, *c*, origines des ramifications plus développées en *e* ; *d*, *d*, *d*, anastomoses entre les branches du mycélium. Grossissement : 500/1.

Planche IV

Fig. 1. — Spores de *Phoma uvicola* en germination. Gr. : 700/1.

Fig. 2. — Coupe transversale d'une pycnide de *Phoma flaccida* : *a*, cuticule ; *b*, enveloppe de la pycnide ; *c*, ostiole ; *d*, basides ; *e*, spores ; *f*, cellules du grain de raisin ; *g*, tissu sur lequel sont insérées les basides. Gr. : 300/1.

Fig. 3. — Conceptacle de *Phoma flaccida* renfermant à la fois des stylospores et des spermaties : *a*, cuticule ; *b*, ostiole par laquelle sortent les spermaties ; *c*, mycélium dans les tissus du grain de raisin ; *d*, enveloppe du conceptacle ; *f*, zone plus claire sur laquelle sont insérées les basides ; *g*, basides ; *h*, stylospores ; *l*, spermaties ; *m*, déchirure de la cuticule en face de l'ostiole. Grossissement : 300/1.

Fig. 4. — Spores de *Phoma flaccida* en germination : *a*, spore entrant en germination ; *b*, le tube germinatif se bifurque ; *e*, spore poussant un tube germinatif à chacune de ses extrémités. Grossissement : 380/1.

Fig. 5. — Coupe d'une pycnide de *Coniothyrium diplodiella* : *a*, cuticule ; *b*, ostiole ; *c*, cellules du grain de raisin ; *d*, enveloppe de la pycnide ; *e*, tissu sur lequel sont insérées les basides ; *f*, basides ; *g*, stylospores. Gr. : 300/1.

Fig. 6. — Stylospores en germination. Gr. : 300/1.

Fig. 7. — Spores du *Phoma reniformis*. Gr. : 340/1.

POUR PARAITRE EN MARS 1886

Cours complet de Viticulture

Par G. FOEX

Professeur de Viticulture
Directeur de l'École nationale d'Agriculture de Montpellier

Les Hybrides Bouschet

ESSAI D'UNE MONOGRAPHIE DES VIGNES

HYBRIDES BOUSCHET

PAR PIERRE VIALA

Licencié ès Sciences
Répétiteur de Viticulture à l'Ecole d'Agriculture de Montpellier

Avec Planches en Chromolithographie

(Publication extraite du PROGRÈS AGRICOLE & VITICOLE)

Montpellier, imprimerie Grollier et fils, boulevard du Peyrou, 7 et 9.

www.ingramcontent.com/pod-product-compliance
Lightning Source LLC
LaVergne TN
LVHW020041170826
845678LV00001B/370
9782329691411